现代声学科学与技术丛书

声场互易定理

刘国强　刘　婧　著

科 学 出 版 社
北　京

内 容 简 介

声场互易定理是声学中最重要的理论之一，在海洋探测、工业无损检测、医学超声成像、生物通信等诸多领域有着非常广泛的应用。

本书是2020—2022年出版专著《电磁场广义互易定理》《电磁场互易定理一般形式》的续集，借鉴电磁场领域的相关研究方法，提出并推导了声场动量型互易方程，继而导出了声场互易方程的一般形式，并将电磁场和声场统一写成四元数互易方程的一般形式。

本书适合理论声学、电气工程、电子工程、通信工程、生物医学等学科领域的科研人员，以及从事探测成像、无损检测和生物通信等研究的工程技术人员阅读参考，也可作为上述专业的研究生参考用书。

图书在版编目（CIP）数据

声场互易定理 / 刘国强，刘婧著. —北京：科学出版社，2024.1
（现代声学科学与技术丛书）
ISBN 978-7-03-078023-2

Ⅰ. ①声…　Ⅱ. ①刘…　②刘…　Ⅲ. ①声学测量-互易校准
Ⅳ. ①TB52

中国国家版本馆 CIP 数据核字（2024）第 019884 号

责任编辑：陈艳峰 / 责任校对：彭珍珍
责任印制：赵　博 / 封面设计：陈　敬

科学出版社出版
北京东黄城根北街 16 号
邮政编码：100717
http://www sciencep com
固安县铭成印刷有限公司印刷
科学出版社发行　各地新华书店经销
*
2024年1月第　一　版　开本：720×1000　1/16
2024年8月第二次印刷　印张：8 1/2
字数：112 000

定价：68.00 元

（如有印装质量问题，我社负责调换）

前　言

声场互易定理是重要的声学理论之一，是理论分析和实际应用的重要工具，自 1873 年瑞利提出互易定理至今已历百余年。

作者在中国科学院大学从事教学工作，在中国科学院电工研究所从事电磁超声耦合成像研究，于 2019—2022 年导出了电磁场动量互易定理和互易定理的一般形式，并出版了《电磁场广义互易定理》和《电磁场互易定理的一般形式》两部专著。

作为上两部专著的续集，本书将电磁学中的动量互易定理、互易定理一般形式推广到声学领域。针对理想流体线性声波系统，导出了两个声场动量互易方程和声场角动量互易方程。采用相对论张量形式和四元数形式导出了声场互能-动量方程和能-动量互易方程。张量形式的声场能-动量互易方程包含瑞利互易方程和动量互易方程。四元数形式的声场能-动量互易方程涵盖平凡互易方程、瑞利互易方程和两个动量互易方程，这四个声场互易方程分别与电磁场中的 Feld-Tai 互易方程、洛伦兹互易方程以及两个电磁场动量互易方程对应。四元数形式的声场互能-动量方程则涵盖平凡互能方程、互能方程和两个互动量方程，这四个声场互能/互动量方程分别与 Feld-Tai 互能方程、电磁场互能方程以及两个电磁场互动量方程对应。此外，本书还将电磁场和声场统一写成了四元数互易方程一般形式。

本书的主要内容是在国家自然科学基金重点项目（51937010）、面上项目（52377018、5237722）以及齐鲁中科电工先进电磁驱动技术研究院科研基金项目资助下完成。

特别感谢南京大学物理学院程建春教授仔细地审阅了本书原稿，并提出了许多有益的意见和建议，尤其是纠正了书中关于非均匀介质声场物质方程的概念错误。同时，感谢中国科学院声学研究所王秀明研究员的鼓励与指导。

作者水平有限，对声学的理解肤浅，不妥及疏漏之处在所难免，恳请读者不吝指正。

作　者

于北京中关村

目　录

第1章　绪　　论

互易性是物理学中非常重要的概念，一般而言代表某种普遍的对称规律。由诺特定理可知，每个连续对称性都对应着相应的守恒定律，即对称意味着守恒。纵观物理学史，很多重大发现都与之相关。声学作为物理学领域的一个重要分支，其在海洋探测、工业无损检测、医学超声成像、生物通信等方面具有不可替代的重要作用。声场互易定理将两组流体介质组成的独立声学系统联系起来，描述了两组声源和声场的相互作用关系。对于很多特殊场景下声场信息不能或不易测量的实际问题，声场互易定理发挥了重要作用，可通过相对容易测量的某一声场信息获取难以测量的另一声场信息。需要说明的是，本书研究对象限于理想流体，重点讨论声场互易定理。

1.1　引　　言

声学互易关系最早是由亥姆霍兹（von Helmholtz，1860）发现的，此后，瑞利（Rayleigh，1873）、兰姆（Lamb，1888）在其论著中阐述了这种关系。1877 年，瑞利在其著作中讨论了亥姆霍兹互易定理（Rayleigh，1877）。瑞利互易定理问世后，一度受到质疑，直到 Lyamshev 证明了当波动微分方程关于空间变量是对称的，瑞利互易定理成立（Lyamshev，1959）。对于线性声学系统，由于控制声波行为的微分方程关于空间变量总是对称的（Cremer，1973），因此瑞利互易定理是恒成立的。

今天人们所熟知的频域声学瑞利互易定理，其公式如下：

$$\nabla\cdot\left(p_1\boldsymbol{v}_2-p_2\boldsymbol{v}_1\right)=\rho_0\boldsymbol{f}_1\cdot\boldsymbol{v}_2-\rho_0\boldsymbol{f}_2\cdot\boldsymbol{v}_1+p_1q_2-p_2q_1 \tag{1.1}$$

对于声学介质，瑞利互易定理提供了同一声学系统的两种不同声学状态或具有相同几何形状但静息密度 ρ_0 和波数 k 不同的两个独立声学系统所产生的声压分布 p_i 和粒子振速 v_i 之间的关系（Achenbach，2004）。

取式（1.1）的体积分，应用高斯散度定理，可得

$$\oint_S \boldsymbol{n}\cdot\left(p_1\boldsymbol{v}_2 - p_2\boldsymbol{v}_1\right)\mathrm{d}S = \int_V\left(\rho_0\boldsymbol{f}_1\cdot\boldsymbol{v}_2 - \rho_0\boldsymbol{f}_2\cdot\boldsymbol{v}_1 + p_1q_2 - p_2q_1\right)\mathrm{d}V \tag{1.2}$$

对于无限空间，利用索末菲辐射条件，当区域半径 r 趋于无穷大时，式（1.2）左边面积分项消失，仅保留体积分项。对于没有体积力作用的声学系统，当只考虑质量源时，瑞利互易定理简化为人们熟知的如下形式

$$\int_V p_1q_2\mathrm{d}V = \int_V p_2q_1\mathrm{d}V \tag{1.3}$$

式（1.3）可用于描述声学系统或声学状态“1”的声源在声学系统或声学状态“2”所产生的声场正比于位于声学系统或声学状态“2”的相同声源在声学系统或声学状态“1”所产生的声场。

瑞利互易定理提出以来，其内涵和外延被不断扩展。Bojarski（Bojarski，1983）首次明确地将互易定理分为卷积型互易定理和相关型互易定理。这种区分使声场互易定理在前向散射和逆散射等问题的应用中变得更加便捷。de Hoop（de Hoop，1988）考虑了不同声学状态下介质参数的差异，进一步拓展了互易定理的应用范围。

在研究声场互易定理之前，作者持续对电磁场互易定理进行了研究，通过对电磁场互易定理体系的梳理，作者发现目前的电磁场互易定理方程只是从“能量”一个侧面反映了两个场源之间的相互作用关系，这并不全面。事实上，电磁场除了具有能量还具有动量和角动量，因此两个场源的作用关系，除了能量作用关系，还有动量和角动量作用关系，需要有反映两种场源之间动量作用关系的定理加以描述。作者于 2019—2020 年，导出了动量互易定理方程，对现有的电磁场互易定理进行了梳理，并讨论了包含动量互易定理在内的现有各定理之

间相互导出的变换方法（刘国强等，2020）；2021—2022年，作者又导出了微分形式电磁场能-动量互易方程和张量形式电磁场能-动量互易方程，并利用四元数理论，研究了电磁场能量型和动量型互易定理在频域的时空统一形式，并对Rumsey反应作了扩展（刘国强等，2022a；刘国强等，2022b；Liu et al.，2022a）。

2023年作者开始对声场互易定理进行研究，发现声场与电磁场存在同样的问题，即目前的声场互易定理方程也只有“能量”形式，这意味着，现有的声场互易定理也可以按照电磁场互易定理的研究思路进行扩展。

本书遵循电磁场互易定理研究的思维脉络，在现有声场能量型互易方程的基础上，于第4章提出并推导了声场动量互易方程，并推广至非均匀介质。

动量型互易方程与能量型互易方程分别从动量和能量两种不同的角度给出了两个声学系统或同一声学系统的两种状态之间的相互作用关系。同时，考虑到经典牛顿力学是对相对论力学的近似，作者在相对论流体力学和声学理论框架下，将“能量型”和“动量型”互易定理统一起来，反映时空的统一性，形成声场“能-动量互易定理”方程新形式。

此外，作者采用四元数的理论框架，推导了更为完整的“能-动量互易定理”方程，即声场互易定理一般形式，该方程涵盖了四个声场互易关系。

由于本书的学术思想继承于电磁场互易定理，因此在第7章对电磁场和声场互易定理的基本方程和互易方程进行了类比，来说明两者的学术同源性。值得说明的是，这种类比方法与经典声学理论中“电-力-声类比”方法的本质区别在于：前者是对场的类比，后者是对路的类比。

考虑到电磁场互易定理一般形式和声场互易定理一般形式的一致性，本书定义了四元数场方程，从而导出了四元数场互易方程，并以电磁场和声场为例验证了四元数互易方程的适用性。

1.2 本书主要内容

本书是我们上部专著《电磁场互易定理一般形式》的续集。

根据逻辑关系，本书共分为 8 章，各个章节的内容安排如下：

第 1 章，绪论，阐明本书的写作动因与目的。

第 2 章，本章介绍了流体力学基本方程、动量守恒方程和能量守恒方程，在此基础上，介绍一阶和二阶声场能量守恒方程、一阶和二阶声场动量守恒方程，这些方程后续章节将用到。

第 3 章，概述“能量型”声场互易方程，包括时域互易方程、频域互易方程、时域卷积形式互易方程、频域功率形式互易方程和基于亥姆霍兹方程的互易方程。

第 4 章，导出“动量型”声场互易方程体系，包括两个声场动量互易方程、角动量互易方程，讨论了几种特殊情况下动量互易方程和角动量互易方程的物理意义，并将声场动量互易方程推广到了非均匀介质情形。

第 5 章，讨论了相对论流体力学能-动量张量、声场能-动量张量、四维源矢量、流体力学能-动量守恒方程、经典流体声场能-动量守恒方程，以此为基础，导出了声场能-动量互易方程，包括瑞利互易方程和动量互易方程两个时空分量。

第 6 章，利用四元数理论，导出了声场互易方程一般形式：四声场互能-动量方程和四声场能-动量互易方程，其中前者包括平凡互能方程、互能方程以及两个互动量方程，而后者包括平凡互易方程、瑞利互易方程以及两个动量互易方程。除了瑞利互易方程外，其他方程均系作者导出。

第 7 章，对电磁场和声场作了物理量到基本方程的类比。以此为基础，类比了亥姆霍兹方程、四元数场方程、守恒方程以及互易方程，最后给出了由声场互易定理导出惠更斯原理的具体推导过程。

第8章，建立了四元数场方程，导出了四元数场互易方程。适用于表示电磁场和声场互易定理的一般形式。

为了自成体系，本书列出了附录A、附录B和附录C。

附录A，定义了点卷积、叉卷积、并卷积和乘卷积等运算，主要用于时域互易方程中，曾作为专著《电磁场广义互易定理》的附录。

附录B，导出了几个重要的微分恒等式，主要用于动量互易方程的导出，曾作为专著《电磁场互易定理一般形式》的附录，这里针对理想流体声学方程做了扩展。

附录C，定义了合成场运算方法，用于从能量守恒、动量守恒出发导出互能量方程和互动量方程，曾作为专著《电磁场广义互易定理》的附录。

此外，为了勘误和补遗，本书也列出了附录D和附录E。

附录D，作为专著《电磁场广义互易定理》的勘误表，修订了书中几处错误。

附录E，对专著《电磁场互易定理一般形式》中非均匀介质电磁场动量互易方程做了推广，使其适用于导电介质。

上两部专著重点阐述了电磁场互易定理，本书则重点讨论理想流体中声场互易定理，包括矢量形式、相对论张量形式和四元数三种形式，主要声学量和方程对比如表1.1所示。

表1.1 三种方式主要声学量和方程对比

	相对论张量形式	四元数形式	矢量形式
微分算子	时域：$\partial_v=\left(\frac{1}{c}\frac{\partial}{\partial t},\nabla\right)$ 频域：$\partial_v=\left(\frac{\mathrm{j}}{c}\omega,\nabla\right)$	时域：$\partial=-\frac{\mathrm{i}}{c_0}\frac{\partial}{\partial t}+\nabla$ 频域：$\partial=-\frac{\mathrm{i}}{c_0}\mathrm{j}\omega+\nabla$	时域：$\nabla\cdot$，∇，$\frac{\partial}{\partial t}$ 频域：$\nabla\cdot$，∇，$\mathrm{j}\omega$
声场量	/	$F=\rho_0\boldsymbol{v}-\frac{\mathrm{i}}{c_0}p$ $G=\boldsymbol{v}-\mathrm{i}c_0\beta p$	声压 p 振动速度 $\boldsymbol{v}$
声源量	/	$J=-q-\frac{\mathrm{i}}{c_0}\boldsymbol{f}$	质量源 q 力源 $\rho_0\boldsymbol{f}$

续表

	相对论张量形式	四元数形式	矢量形式
声场方程	/	$\partial G = J$	一阶连续性方程 $\beta\dfrac{\partial p}{\partial t} = -\nabla\cdot\boldsymbol{v} + q$ 一阶运动方程 $\rho_0\dfrac{\partial \boldsymbol{v}}{\partial t} = \rho_0\boldsymbol{f} - \nabla p$
时域守恒方程	$\partial_\nu T^{\mu\nu} = Q^\mu$	$F^{+}\partial G - (\partial G)^{+}F$ $= F^{+}J - J^{+}F$	$\dfrac{\partial}{\partial t}\left(\dfrac{1}{2}\rho_0 v^2 + \dfrac{1}{2}\beta p^2\right) + \nabla\cdot(p\boldsymbol{v})$ $= \rho_0\boldsymbol{f}\cdot\boldsymbol{v} + pq$ $\dfrac{\partial}{\partial t}(\rho\boldsymbol{v}) + \nabla\cdot\left[\left(\dfrac{1}{2}\beta p^2 - \dfrac{1}{2}\rho_0 v^2\right)\boldsymbol{I} + \rho_0\boldsymbol{v}\boldsymbol{v}\right]$ $= \rho\boldsymbol{f} + \rho_0 q\boldsymbol{v}$
频域守恒方程	$\partial_j \operatorname{Re}T^{\mu j} = \operatorname{Re}Q^\mu$	$F^{+}\nabla G - (\nabla G)^{+}F$ $= F^{+}J - J^{+}F$	$\nabla\cdot(p\boldsymbol{v}^*) = \boldsymbol{f}\cdot\boldsymbol{v}^* + pq^*$ $\rho\boldsymbol{f}^* + \dfrac{1}{c_0^2}\rho_0 q\boldsymbol{v}^*$ $= \nabla\cdot\left(\dfrac{1}{2}\beta pp^*\boldsymbol{I} - \dfrac{1}{2}\rho_0\boldsymbol{v}\boldsymbol{v}^*\boldsymbol{I} + \rho_0\boldsymbol{v}\boldsymbol{v}^*\right)$
互能-动量方程	$\partial_j(T^{\mu j}_{1*2} + T^{\mu j}_{21*}) = Q^{\mu}_{1*2} + Q^{\mu}_{21*}$	$F_1^{+}\nabla G_2 - (\nabla G_1)^{+}F_2$ $= F_1^{+}J_2 - J_1^{+}F_2$	$\nabla\cdot(p_1\boldsymbol{v}_2^* + p_2^*\boldsymbol{v}_1)$ $= \rho_0\boldsymbol{f}_1\cdot\boldsymbol{v}_2^* + \rho_0\boldsymbol{f}_2^*\cdot\boldsymbol{v}_1 + p_1q_2^* + p_2^*q_1$ $\rho_1^*\boldsymbol{f}_2 + \boldsymbol{f}_1^*\rho_2 + \rho_0 q_1^*\boldsymbol{v}_2 + \rho_0 q_2\boldsymbol{v}_1^*$ $= \nabla\cdot(\beta p_1^* p_2\boldsymbol{I} - \rho_0\boldsymbol{v}_1^*\cdot\boldsymbol{v}_2\boldsymbol{I})$ $+ \nabla\cdot(\rho_0\boldsymbol{v}_1^*\boldsymbol{v}_2 + \rho_0\boldsymbol{v}_2\boldsymbol{v}_1^*)$
能-动量互易方程	$\partial_j(T^{\mu j}_{1*2} + T^{\mu j}_{21*}) = Q^{\mu}_{1*2} + Q^{\mu}_{21*}$	$\widetilde{F}_1\nabla G_2 - \nabla G_1 F_2$ $= \widetilde{F}_1 J_2 - \widetilde{J}_1 F_2$	$\nabla\cdot(p_1\boldsymbol{v}_2 - p_2\boldsymbol{v}_1)$ $= \rho_0\boldsymbol{f}_1\cdot\boldsymbol{v}_2 - \rho_0\boldsymbol{f}_2\cdot\boldsymbol{v}_1 + p_1q_2 - p_2q_1$ $\boldsymbol{f}_1\rho_2 + \boldsymbol{f}_2\rho_1 - \rho_0 q_2\boldsymbol{v}_1 - \rho_0 q_1\boldsymbol{v}_2$ $= \nabla\cdot(\beta p_1p_2\boldsymbol{I} + \rho_0\boldsymbol{v}_1\cdot\boldsymbol{v}_2\boldsymbol{I})$ $- \nabla\cdot(\rho_0\boldsymbol{v}_1\boldsymbol{v}_2 + \rho_0\boldsymbol{v}_2\boldsymbol{v}_1)$

注释：表中“/”表示并未定义该项。

第 2 章　理想流体力学与声波

本章主要围绕理想流体概述线性声波理论，为后面声场互易定理的导出提供基础知识，这部分内容重点参考了程建春和张海澜的著作（程建春，2022；张海澜，2012）。

2.1　理想流体力学基本方程

所谓理想流体指的是不考虑黏滞、热传导和弛豫等不可逆过程的流体。由于整个过程绝热，忽略耗散，故机械能和热能之间没有转换，因此能量方程就是机械能守恒方程。它并不独立，可由连续性方程和欧拉方程导出。

连续性方程也称为质量守恒方程

$$\nabla\cdot(\rho\boldsymbol{v})+\frac{\partial\rho}{\partial t}=\rho q \tag{2.1a}$$

式中，ρ 为介质密度；$\boldsymbol{v}$ 为介质质点速度；$\rho\boldsymbol{v}$ 为质量流密度；q 为注入体积密度速率，也称为质量源。

不考虑质量源 q，令 $\boldsymbol{J}=\rho\boldsymbol{v}$，式（2.1a）可化为

$$\nabla\cdot\boldsymbol{J}+\frac{\partial\rho}{\partial t}=0$$

若将介质密度 ρ 看成电荷密度，则 $\boldsymbol{J}$ 为运流电流密度，上面方程正是电磁学中的电荷守恒方程，或称为电流连续性定理。

利用介质密度的物质导数

$$\frac{\mathrm{d}\rho}{\mathrm{d}t}=\frac{\partial\rho}{\partial t}+\boldsymbol{v}\cdot\nabla\rho$$

式（2.1a）还可以写为

$$\frac{\mathrm{d}\rho}{\mathrm{d}t}+\rho\nabla\cdot\boldsymbol{v}=\rho q \tag{2.1b}$$

根据牛顿第二定律，运动方程为

$$\rho\frac{\mathrm{d}\boldsymbol{v}}{\mathrm{d}t}=-\nabla p+\rho\boldsymbol{f} \tag{2.2a}$$

式中，p 为流体压强；$\boldsymbol{f}$ 为外力的质量密度，即作用于单位质量上的外力；$\rho\boldsymbol{f}$ 为外力的体积密度，即作用于单位体积上的外力；$\boldsymbol{f}$ 和 $\rho\boldsymbol{f}$ 统称为力源。

利用介质质点速度的物质导数

$$\frac{\mathrm{d}\boldsymbol{v}}{\mathrm{d}t}=\frac{\partial\boldsymbol{v}}{\partial t}+\boldsymbol{v}\cdot\nabla\boldsymbol{v}$$

将运动方程改写为

$$\rho\frac{\partial\boldsymbol{v}}{\partial t}+\rho\boldsymbol{v}\cdot\nabla\boldsymbol{v}=-\nabla p+\rho\boldsymbol{f} \tag{2.2b}$$

利用附录恒等式（B13），即

$$\boldsymbol{v}\cdot\nabla\boldsymbol{v}=\nabla\frac{v^2}{2}-\boldsymbol{v}\times\nabla\times\boldsymbol{v}$$

有

$$\frac{\partial\boldsymbol{v}}{\partial t}+\frac{1}{\rho}\nabla p+\nabla\frac{v^2}{2}-\boldsymbol{v}\times\nabla\times\boldsymbol{v}=\boldsymbol{f} \tag{2.2c}$$

式（2.2c）称为流体力学的欧拉方程。

介质中的声波是一个非平衡过程，但由于声过程变化的时间远比介质由非平衡态趋向于平衡态的弛豫时间长得多，因此，在局部准静态近似下，有热力学关系

$$\mathrm{d}u=T\,\mathrm{d}s+\frac{p}{\rho^2}\mathrm{d}\rho$$

式中，s 为单位质量流体的熵；T 为温度；u 为单位质量流体的内能，即由流体分子不规则热运动所具有的动能以及由于分子间相对位置所决定的势能的总和。

在准静态条件下，理想流体在运动中保持流体元的熵不随时间变

换，看成等熵情况，即 $\mathrm{d}s$ 近似为零，则有

$$\mathrm{d}u = \frac{p}{\rho^2}\mathrm{d}\rho \tag{2.3}$$

于是

$$\frac{\mathrm{d}u}{\mathrm{d}t} = \frac{p}{\rho^2}\frac{\mathrm{d}\rho}{\mathrm{d}t} \tag{2.4}$$

本书所有讨论均假定满足准静态近似。

2.2　理想流体力学动量守恒方程

将式（2.1a）和式（2.2b）重新写在下面

$$\begin{cases} \nabla\cdot(\rho\boldsymbol{v}) + \dfrac{\partial\rho}{\partial t} = \rho q & \text{(2.5a)} \\ \rho\dfrac{\partial\boldsymbol{v}}{\partial t} + \rho\boldsymbol{v}\cdot\nabla\boldsymbol{v} = -\nabla p + \rho\boldsymbol{f} & \text{(2.5b)} \end{cases}$$

式（2.5）作为导出理想流体力学动量守恒的出发点，将式（2.5a）两边同乘 $\boldsymbol{v}$，有

$$\boldsymbol{v}\nabla\cdot(\rho\boldsymbol{v}) + \boldsymbol{v}\frac{\partial\rho}{\partial t} = \rho\boldsymbol{v}q \tag{2.6}$$

式（2.5b）和式（2.6）相加，有

$$\frac{\partial}{\partial t}(\rho\boldsymbol{v}) + \boldsymbol{v}\nabla\cdot(\rho\boldsymbol{v}) + \rho\boldsymbol{v}\cdot\nabla\boldsymbol{v} = -\nabla p + \rho\boldsymbol{f} + \rho\boldsymbol{v}q \tag{2.7}$$

利用并矢恒等式

$$\nabla\cdot(\boldsymbol{ab}) = (\nabla\cdot\boldsymbol{a})\boldsymbol{b} + \boldsymbol{a}\cdot\nabla\boldsymbol{b} \tag{2.8}$$

$$\nabla\cdot(a\boldsymbol{I}) = \nabla a \tag{2.9}$$

式（2.7）可化为

$$\frac{\partial}{\partial t}(\rho\boldsymbol{v}) + \nabla\cdot(p\boldsymbol{I} + \rho\boldsymbol{vv}) = \rho\boldsymbol{f} + \rho q\boldsymbol{v} \tag{2.10}$$

式中，$\boldsymbol{I}$ 为二阶单位张量，质量流密度 $\rho\boldsymbol{v}$ 在此处称为动量密度，$\rho\boldsymbol{vv}$

为动量流密度，为了方便计，将压力所产生的冲量也合并其中，即以 $p\boldsymbol{I}+\rho\boldsymbol{vv}$ 为动量流密度，$\rho\boldsymbol{f}+\rho q\boldsymbol{v}$ 为总的外源作用，分别记为

$$\boldsymbol{g}=\rho\boldsymbol{v}\,,\quad \boldsymbol{T}=p\boldsymbol{I}+\rho\boldsymbol{vv}\,,\quad \boldsymbol{F}=\rho\boldsymbol{f}+\rho q\boldsymbol{v} \tag{2.11}$$

于是，式（2.10）可以简写为

$$\frac{\partial\boldsymbol{g}}{\partial t}+\nabla\cdot\boldsymbol{T}=\boldsymbol{F} \tag{2.12}$$

2.3　理想流体力学能量守恒方程

采用准静态近似，等熵（ $\mathrm{d}s/\mathrm{d}t=0$ ）条件下，若运动方程和动量守恒方程已知，质量守恒方程和能量守恒方程不独立，其中一个方程可以借助于运动方程和动量守恒方程导出。

若已知质量守恒方程和动量守恒方程

$$\nabla\cdot(\rho\boldsymbol{v})+\frac{\partial\rho}{\partial t}=\rho q \tag{2.13a}$$

$$\frac{\partial}{\partial t}(\rho\boldsymbol{v})+\nabla\cdot(p\boldsymbol{I}+\rho\boldsymbol{vv})=\rho\boldsymbol{f}+\rho q\boldsymbol{v} \tag{2.13b}$$

可导出能量守恒方程。

式（2.13b）两边点乘 $\boldsymbol{v}$，有

$$\boldsymbol{v}\cdot\frac{\partial}{\partial t}(\rho\boldsymbol{v})+\nabla\cdot(p\boldsymbol{I}+\rho\boldsymbol{vv})\cdot\boldsymbol{v}=\rho\boldsymbol{f}\cdot\boldsymbol{v}+\rho q v^2 \tag{2.14}$$

式（2.14）左边第一项为

$$\boldsymbol{v}\cdot\frac{\partial}{\partial t}(\rho\boldsymbol{v})=\frac{\partial}{\partial t}\left(\frac{1}{2}\rho v^2\right)+\frac{1}{2}v^2\frac{\partial\rho}{\partial t} \tag{2.15}$$

利用附录式（B18）

$$[\nabla\cdot(\rho\boldsymbol{vv})]\cdot\boldsymbol{v}=\nabla\cdot\left(\frac{1}{2}\rho v^2\boldsymbol{v}\right)+\frac{v^2}{2}\nabla\cdot(\rho\boldsymbol{v})$$

以及

$$\nabla\cdot(p\boldsymbol{v})=\nabla p\cdot\boldsymbol{v}+p\nabla\cdot\boldsymbol{v}=[\nabla\cdot(p\boldsymbol{I})]\cdot\boldsymbol{v}+p\nabla\cdot\boldsymbol{v}$$

式（2.14）左端第二项化为

$$\begin{aligned}&\nabla\cdot(p\boldsymbol{I}+\rho\boldsymbol{v}\boldsymbol{v})\cdot\boldsymbol{v}\\&=\nabla\cdot\left(\frac{1}{2}\rho v^2\boldsymbol{v}\right)+\frac{v^2}{2}\nabla\cdot(\rho\boldsymbol{v})+\nabla\cdot(p\boldsymbol{v})-p\nabla\cdot\boldsymbol{v}\end{aligned}\tag{2.16}$$

式（2.1b）两边同乘 p/ρ，有

$$-p\nabla\cdot\boldsymbol{v}=\frac{p}{\rho}\frac{\mathrm{d}\rho}{\mathrm{d}t}-pq\tag{2.17}$$

将式（2.4）代入式（2.17），并利用单位质量流体内能u的物质导数

$$\frac{\mathrm{d}u}{\mathrm{d}t}=\frac{\partial u}{\partial t}+\boldsymbol{v}\cdot\nabla u$$

以及

$$\frac{\partial}{\partial t}(\rho u)=\rho\frac{\partial u}{\partial t}+u\frac{\partial\rho}{\partial t}$$

得到

$$\begin{aligned}-p\nabla\cdot\boldsymbol{v}&=\rho\frac{\mathrm{d}u}{\mathrm{d}t}-\rho q\\&=\rho\frac{\partial u}{\partial t}+\rho\boldsymbol{v}\cdot\nabla u-\rho q\\&=\rho\frac{\partial u}{\partial t}+\nabla\cdot(\rho u\boldsymbol{v})-u\nabla\cdot(\rho\boldsymbol{v})-pq\\&=\frac{\partial}{\partial t}(\rho u)-u\frac{\partial\rho}{\partial t}+\nabla\cdot(\rho u\boldsymbol{v})-u\nabla\cdot(\rho\boldsymbol{v})-pq\end{aligned}\tag{2.18}$$

于是式（2.16）进一步化为

$$\begin{aligned}&[\nabla\cdot(\rho\boldsymbol{v}\boldsymbol{v}+p\boldsymbol{I})]\cdot\boldsymbol{v}\\&=\nabla\cdot\left(\frac{1}{2}\rho v^2\boldsymbol{v}\right)+\frac{1}{2}v^2\nabla\cdot(\rho\boldsymbol{v})+\nabla\cdot(p\boldsymbol{v})\\&\quad+\frac{\partial}{\partial t}(\rho u)-u\frac{\partial\rho}{\partial t}+\nabla\cdot(\rho u\boldsymbol{v})-u\nabla\cdot(\rho\boldsymbol{v})-pq\end{aligned}\tag{2.19}$$

将式（2.15）和式（2.19）代入式（2.14），有

$$\frac{\partial}{\partial t}\left(\frac{1}{2}\rho v^2 + \rho u\right) + \nabla\cdot\left(\frac{1}{2}\rho v^2 \boldsymbol{v} + \rho u \boldsymbol{v} + p\boldsymbol{v}\right)$$
$$+\left(\frac{1}{2}v^2 - u\right)\left[\nabla\cdot(\rho\boldsymbol{v}) + \frac{\partial\rho}{\partial t} - \rho q\right] \tag{2.20}$$
$$= \rho\boldsymbol{f}\cdot\boldsymbol{v} + pq + \frac{1}{2}\rho q v^2 + \rho q u$$

已知式（2.13a），代入式（2.20），导出能量守恒方程

$$\frac{\partial}{\partial t}\left(\frac{1}{2}\rho v^2 + \rho u\right) + \nabla\cdot\left(\frac{1}{2}\rho v^2 \boldsymbol{v} + \rho u \boldsymbol{v} + p\boldsymbol{v}\right) = \rho\boldsymbol{f}\cdot\boldsymbol{v} + pq + \frac{1}{2}\rho q v^2 + \rho q u \tag{2.21}$$

记

$$\varepsilon = u + \frac{1}{2}v^2,\quad w = \rho\varepsilon = \rho u + \frac{1}{2}\rho v^2,$$
$$\boldsymbol{S} = (w+p)\boldsymbol{v},\quad P_{\mathrm{e}} = \rho\boldsymbol{f}\cdot\boldsymbol{v} + (w+p)q \tag{2.22}$$

式中，ε 为单位质量流体的能量，包括内能及宏观动能；w 为流体的能量密度，即单位体积中流体的能量；$w\boldsymbol{v}$ 为能流密度；为方便计，将 $p\boldsymbol{v}$ 也并入其中，$\rho\boldsymbol{f}\cdot\boldsymbol{v} + (w+p)q$ 为声源功率密度。

因此，能量守恒定律可以简化为

$$\frac{\partial w}{\partial t} + \nabla\cdot\boldsymbol{S} = P_{\mathrm{e}} \tag{2.23}$$

反过来，若已知能量守恒方程和动量守恒方程

$$\frac{\partial}{\partial t}\left(\frac{1}{2}\rho v^2 + \rho u\right) + \nabla\cdot\left(\frac{1}{2}\rho v^2 \boldsymbol{v} + \rho u \boldsymbol{v} + p\boldsymbol{v}\right) = \rho\boldsymbol{f}\cdot\boldsymbol{v} + \frac{1}{2}\rho q v^2 + \rho q u + pq \tag{2.24a}$$

$$\frac{\partial}{\partial t}(\rho\boldsymbol{v}) + \nabla\cdot(p\boldsymbol{I} + \rho\boldsymbol{v}\boldsymbol{v}) = \rho\boldsymbol{f} + \rho q\boldsymbol{v} \tag{2.24b}$$

可以导出质量守恒定律。

导出过程和前面类似，即从式（2.24b）先导出式（2.20），比较式（2.20）和式（2.24a），即可导出质量守恒方程。

2.4　声场守恒方程

假设介质原本均匀、静止，在没有声波时介质的位移为零，静压强和密度不随时间和位置变化。假设声波的振幅很小。具体而言，声压比介质的静压强小得多，质点的位移比波长小得多，速度比声速小得多，密度起伏比密度本身小得多。

令

$$\begin{cases} \rho = \rho_0 + \rho_1 + \cdots \\ p = p_0 + p_1 + p_2 + \cdots \\ \boldsymbol{v} = \boldsymbol{v}_0 + \boldsymbol{v}_1 + \cdots \end{cases} \tag{2.25}$$

式中，若不考虑运动流体，则有 $\boldsymbol{v}_0 = 0$。

对单位质量流体内能 u 取小振幅近似。

由式（2.3），略去二阶以上量，有

$$\mathrm{d}u = \frac{p}{\rho_0^2}\mathrm{d}\rho_1 = \frac{1}{\rho_0^2 c_0^2}(p_0 + p_1)\mathrm{d}p_1$$

假定声压为零时是势能的零点，那么

$$u = \frac{1}{\rho_0 c_0^2}\int_0^{p_1}(p_0 + p_1)\mathrm{d}p_1 = \frac{p_0 p_1}{\rho_0 c_0^2} + \frac{p_1^2}{2\rho_0^2 c_0^2} \tag{2.26a}$$

式中，c_0 为声波传播速度。

利用 $\rho_1 = p_1/c_0^2$ 和体积压缩系数 $\beta = 1/(\rho_0 c_0^2)$，式（2.26a）也可以写为

$$u = \beta p_0 p_1 + \frac{\beta p_1^2}{2\rho_0} = \frac{p_0 \rho_1}{\rho_0} + \frac{\beta p_1^2}{2\rho_0} \tag{2.26b}$$

将式（2.26）代入能量守恒方程式（2.21）和动量守恒方程式（2.10），并取小振幅近似。

一阶守恒方程

取出一阶量，即可得到一阶声场能量守恒方程和动量守恒方程

$$\frac{\partial}{\partial t}\left(\frac{p_0 p_1}{\rho_0 c_0^2}\right)+p_0\nabla\cdot\boldsymbol{v}_1=p_0 q \tag{2.27a}$$

$$\rho_0\frac{\partial\boldsymbol{v}_1}{\partial t}-\rho_0\boldsymbol{f}=-\nabla p_1 \tag{2.27b}$$

若消去式（2.27a）中的 p_0，方程两端同乘 ρ_0，可得到

$$\frac{\partial\rho_1}{\partial t}+\rho_0\nabla\cdot\boldsymbol{v}_1=\rho_0 q$$

该方程正是质量守恒方程的一阶近似，换句话说，一阶能量守恒方程可从一阶质量守恒方程直接导出。

二阶守恒方程

取出二阶量，即可得到二阶声场能量守恒方程和动量守恒方程

$$\frac{\partial}{\partial t}\left(\frac{1}{2}\rho_0 v_1^2+\frac{1}{2}\beta p_1^2\right)+\nabla\cdot(p_1\boldsymbol{v}_1)=\rho_0\boldsymbol{f}\cdot\boldsymbol{v}_1+p_1 q \tag{2.28a}$$

$$\frac{\partial}{\partial t}(\rho_1\boldsymbol{v}_1)+\nabla\cdot(p_2\boldsymbol{I}+\rho_0\boldsymbol{v}_1\boldsymbol{v}_1)=\rho_1\boldsymbol{f}+\rho_0 q\boldsymbol{v}_1 \tag{2.28b}$$

下面推导 p_2 的具体表达式。

先建立 ρ_1 与 p_1 速度位的关系。考虑无源区域，式（2.27b）化为

$$\rho_0\frac{\partial\boldsymbol{v}_1}{\partial t}+\nabla p_1=0$$

对于无旋流，$\nabla\times\boldsymbol{v}_1=0$，引入速度位函数 ϕ，满足 $\boldsymbol{v}_1=\nabla\phi$，有

$$\nabla\left(\rho_0\frac{\partial\phi}{\partial t}+p_1\right)=0$$

则 $\rho_0\dfrac{\partial\phi}{\partial t}+p_1$ 为与空间位置无关的常数

$$\rho_0\frac{\partial\phi}{\partial t}+p_1=C(t)$$

因无限远处声场为零，故 $C(t)=0$。于是

$$p_1 = -\rho_0 \frac{\partial \phi}{\partial t} \tag{2.29}$$

$$\rho_1 = \frac{p_1}{c_0^2} = -\frac{\rho_0}{c_0^2}\frac{\partial \phi}{\partial t} \tag{2.30}$$

接下来导出 p_2 与 p_1 的速度位 ϕ 的关系。

将速度位函数 ϕ 代入运动方程式（2.2c），在无源区域

$$\rho\nabla \frac{\partial \phi}{\partial t} + \nabla p + \rho\nabla\left[\frac{1}{2}(\nabla\phi)^2\right] = 0 \tag{2.31}$$

利用式（2.25）对式（2.31）线性化，并考虑式（2.29）和式（2.30），得到

$$\nabla\left[\rho_0 \frac{\partial \phi}{\partial t} - \frac{\rho_0}{c_0^2}\left(\frac{\partial \phi}{\partial t}\right)^2 + p_0 + p_1 + p_2 + \frac{1}{2}\rho_0(\nabla\phi)^2\right] = 0$$

于是，上式梯度算符的作用项为与空间变量无关的常数，设为 $\theta(t)$

$$\rho_0 \frac{\partial \phi}{\partial t} - \frac{\rho_0}{2c_0^2}\left(\frac{\partial \phi}{\partial t}\right)^2 + p_0 + p_1 + p_2 + \frac{1}{2}\rho_0(\nabla\phi)^2 = \theta(t) \tag{2.32}$$

由于无限远处声场为零，故有 $\theta(t) = p_0$，利用式（2.29）和式（2.30），有

$$p_2 = -\frac{1}{2}\rho_0(\nabla\phi)^2 + \frac{1}{2c_0^2}\rho_0\left(\frac{\partial \phi}{\partial t}\right)^2 = -\frac{1}{2}\rho_0 v_1^2 + \frac{1}{2}\beta p_1^2 \tag{2.33}$$

式中，p_2 正是声场的拉格朗日密度。

由此，式（2.28b）化为

$$\frac{\partial}{\partial t}(\rho_1 \boldsymbol{v}_1) + \nabla\cdot\left[\left(\frac{1}{2}\beta p_1^2 - \frac{1}{2}\rho_0 v_1^2\right)\boldsymbol{I} + \rho_0 \boldsymbol{v}_1\boldsymbol{v}_1\right] = \rho_1 \boldsymbol{f} + \rho_0 q \boldsymbol{v}_1 \tag{2.34}$$

为简洁起见，略去式（2.28）和式（2.34）中 ρ_1 和 $\boldsymbol{v}_1$ 的下角标，有

$$\frac{\partial}{\partial t}\left(\frac{1}{2}\rho_0 v^2 + \frac{1}{2}\beta p^2\right) + \nabla\cdot(p\boldsymbol{v}) = \rho_0 \boldsymbol{f}\cdot\boldsymbol{v} + pq \tag{2.35}$$

以及

$$\frac{\partial}{\partial t}(\rho \boldsymbol{v})+\nabla\cdot\left[\left(\frac{1}{2}\beta p^2-\frac{1}{2}\rho_0 v^2\right)\boldsymbol{I}+\rho_0\boldsymbol{v}\boldsymbol{v}\right]=\rho\boldsymbol{f}+\rho_0 q\boldsymbol{v} \quad (2.36\text{a})$$

考虑式（2.30），式（2.36a）也可以写为

$$\frac{1}{c_0^2}\frac{\partial}{\partial t}(p\boldsymbol{v})+\nabla\cdot\left[\left(\frac{1}{2}\beta p^2-\frac{1}{2}\rho_0 v^2\right)\boldsymbol{I}+\rho_0\boldsymbol{v}\boldsymbol{v}\right]=\frac{1}{c_0^2}p\boldsymbol{f}+\rho_0 q\boldsymbol{v} \quad (2.36\text{b})$$

记二阶声场的能量密度、能流密度、声源功率密度、动量密度、动量流密度和声源分别为

$$w=\frac{1}{2}\beta p^2+\frac{1}{2}\rho_0 v^2\text{，}\quad \boldsymbol{S}=p\boldsymbol{v}\text{，}\quad P_{\mathrm{e}}=\rho_0\boldsymbol{f}\cdot\boldsymbol{v}+pq\text{，}$$

$$\boldsymbol{g}=\rho\boldsymbol{v}=\frac{1}{c_0^2}p\boldsymbol{v}\text{，}\quad \boldsymbol{T}=\left(\frac{1}{2}\beta p^2-\frac{1}{2}\rho_0 v^2\right)\boldsymbol{I}+\rho_0\boldsymbol{v}\boldsymbol{v}\text{，}$$

$$\boldsymbol{F}=\rho\boldsymbol{f}+\rho_0 q\boldsymbol{v}=\frac{1}{c_0^2}p\boldsymbol{f}+\rho_0 q\boldsymbol{v} \quad (2.37)$$

式（2.35）和式（2.36）简记为

$$\frac{\partial w}{\partial t}+\nabla\cdot\boldsymbol{S}=P_{\mathrm{e}} \quad (2.38\text{a})$$

$$\frac{\partial \boldsymbol{g}}{\partial t}+\nabla\cdot\boldsymbol{T}=\boldsymbol{F} \quad (2.38\text{b})$$

需要注意，式（2.38a）与式（2.23），式（2.38b）与式（2.12）虽采用了相同的符号，但表示的意义不同，式（2.23）和式（2.12）表示的是流体力学守恒定律，而式（2.38）表示的是二阶声场守恒定律。表 2.1 列出了流体力学和二阶声场的守恒定律参数对比。

表 2.1　流体力学和二阶声场的守恒定律参数对比

	流体力学	二阶声场（p、$\boldsymbol{v}$ 和 ρ 均为一阶近似量）
动量密度	$\boldsymbol{g}=\rho\boldsymbol{v}$	$\boldsymbol{g}=\rho\boldsymbol{v}$
动量流密度	$\boldsymbol{T}=p\boldsymbol{I}+\rho\boldsymbol{v}\boldsymbol{v}$	$\boldsymbol{T}=\left(\frac{1}{2}\beta p^2-\frac{1}{2}\rho_0 v^2\right)\boldsymbol{I}+\rho_0\boldsymbol{v}\boldsymbol{v}$
总的外源	$\boldsymbol{F}=\rho\boldsymbol{f}+\rho q\boldsymbol{v}$	$\boldsymbol{F}=\rho\boldsymbol{f}+\rho_0 q\boldsymbol{v}$
能量密度	$w=\rho u+\frac{1}{2}\rho v^2$	$w=\frac{1}{2}\beta p^2+\frac{1}{2}\rho_0 v^2$

续表

	流体力学	二阶声场 （p、$\boldsymbol{v}$ 和 ρ 均为一阶近似量）
能流密度	$\boldsymbol{S}=(w+p)\boldsymbol{v}$	$\boldsymbol{S}=p\boldsymbol{v}$
声源功率密度	$P_e=\rho\boldsymbol{f}\cdot\boldsymbol{v}+(w+p)q$	$P_e=\rho_0\boldsymbol{f}\cdot\boldsymbol{v}+pq$
能量守恒方程	$\dfrac{\partial w}{\partial t}+\nabla\cdot\boldsymbol{S}=P_e$	$\dfrac{\partial w}{\partial t}+\nabla\cdot\boldsymbol{S}=P_e$
动量守恒方程	$\dfrac{\partial \boldsymbol{g}}{\partial t}+\nabla\cdot\boldsymbol{T}=\boldsymbol{F}$	$\dfrac{\partial \boldsymbol{g}}{\partial t}+\nabla\cdot\boldsymbol{T}=\boldsymbol{F}$

2.5　线性声波系统及其守恒方程

前面四节已经将声场能量守恒方程的推导过程作了简要的概述，用来导出声场互易定理的声场方程均已具备。然而本章仍要补上这一节，从线性声波角度讨论。这里的推导方法主要核心就是首先将连续性方程和运动方程线性化，然后以这一对线性方程为基础，通过矢量运算导出线性声波系统的能量和动量守恒定律，它们正是 2.4 节中导出的二阶声场能量守恒方程和动量守恒方程。

线性声波系统的能量守恒方程

利用式（2.25），将连续性方程（2.1a）和运动方程（2.2a）线性化，得到

$$\frac{\partial \rho_1}{\partial t}+\rho_0\nabla\cdot\boldsymbol{v}=\rho_0 q \tag{2.39a}$$

$$\rho_0\frac{\partial \boldsymbol{v}_1}{\partial t}=\rho_0\boldsymbol{f}-\nabla p_1 \tag{2.39b}$$

利用式（2.30）和 $\beta=(\rho_0c_0^2)^{-1}$，并略去了一阶量 ρ_1 和 $\boldsymbol{v}_1$ 的下角标，得到线性声场方程

$$\beta \frac{\partial p}{\partial t} = -\nabla \cdot \boldsymbol{v} + q \tag{2.40a}$$

$$\rho_0 \frac{\partial \boldsymbol{v}}{\partial t} = \rho_0 \boldsymbol{f} - \nabla p \tag{2.40b}$$

式（2.40a）乘以 p，式（2.40b）点乘 $\boldsymbol{v}$，得到

$$\beta p \frac{\partial p}{\partial t} = -p\nabla \cdot \boldsymbol{v} + pq \tag{2.41a}$$

$$\rho_0 \boldsymbol{v} \cdot \frac{\partial \boldsymbol{v}}{\partial t} = \rho_0 \boldsymbol{f} \cdot \boldsymbol{v} - \boldsymbol{v} \cdot \nabla p \tag{2.41b}$$

式（2.41a）和（2.41b）两式相加，有

$$\frac{\partial}{\partial t}\left(\frac{1}{2}\rho_0 v^2 + \frac{1}{2}\beta p^2\right) + \nabla \cdot (p\boldsymbol{v}) = \rho_0 \boldsymbol{f} \cdot \boldsymbol{v} + pq \tag{2.42}$$

线性声波系统的动量守恒方程

式（2.40a）和式（2.40b）分别乘以 $\rho_0 \boldsymbol{v}$ 和 ρ/ρ_0，并利用 $\rho = p/c_0^2$，有

$$\boldsymbol{v} \frac{\partial \rho}{\partial t} = -\rho_0 \boldsymbol{v} \nabla \cdot \boldsymbol{v} + \rho_0 q \boldsymbol{v} \tag{2.43a}$$

$$\rho \frac{\partial \boldsymbol{v}}{\partial t} = \rho \boldsymbol{f} - \beta p \nabla p \tag{2.43b}$$

式（2.43a）与式（2.43b）相加，有

$$\frac{\partial}{\partial t}(\rho \boldsymbol{v}) = \rho \boldsymbol{f} + \rho_0 q \boldsymbol{v} - \nabla \cdot \left(\frac{1}{2}\beta p^2 \boldsymbol{I}\right) - \rho_0 \boldsymbol{v} \nabla \cdot \boldsymbol{v} \tag{2.44}$$

利用附录公式（B14），即

$$\nabla \cdot \left(\frac{1}{2}v^2 \boldsymbol{I} - \boldsymbol{v}\boldsymbol{v}\right) = -\boldsymbol{v} \nabla \cdot \boldsymbol{v}$$

有

$$\frac{\partial}{\partial t}(\rho \boldsymbol{v}) + \nabla \cdot \left[\left(\frac{1}{2}\beta p^2 - \frac{1}{2}\rho_0 v^2\right)\boldsymbol{I} + \rho_0 \boldsymbol{v}\boldsymbol{v}\right] = \rho \boldsymbol{f} + \rho_0 q \boldsymbol{v} \tag{2.45}$$

式（2.40）是描述理想流体中线性声波系统的方程，式（2.42）

和式（2.45）是线性声波系统的能量守恒方程和动量守恒方程。

注意到，式（2.42）和式（2.45）中已略去了一阶声场量的下角标，两式分别与式（2.35）和式（2.36）等价，这说明二阶声场能量守恒方程和动量守恒方程，可分别看成线性声波系统的能量守恒方程和动量守恒方程。

第 3 章　能量型声场互易方程

现有的声场互易定理包括多种形式：时域形式、时域卷积形式、拉普拉斯变换域形式、频域形式、频域功率形式等，这部分内容重点参考 Achenbach 的著作（Achenbach，2004）。各种形式之间可以通过傅里叶变换、拉普拉斯变换、周期平均等运算方法相互导出。由于它们均与二阶声场能量守恒定律相关，所以本章将它们统一命名为能量型互易方程。之所以对现有的声学互易定理归类，主要是因为，我们提出并建立了与现有互易方程不同的动量型互易定理体系，需要对它们予以区分。

声学中的能量型互易定理可与电磁学中的能量型互易定理类比。我们曾详细概括总结了电磁学的能量型互易定理各种形式之间的导出关系（刘国强等，2020），若熟悉电磁学能量型互易定理，就容易理解声学能量型互易定理。

本章对几种重要的声学能量型互易方程形式给出推导过程。

3.1　时域互易方程

考虑两组声场，各场源量用下角标 1 和 2 表示。

根据式（2.40），写出线性声场方程

$$\beta \frac{\partial p_1}{\partial t} = -\nabla \cdot \boldsymbol{v}_1 + q_1 \tag{3.1a}$$

$$\rho_0 \frac{\partial \boldsymbol{v}_1}{\partial t} = \rho_0 \boldsymbol{f}_1 - \nabla p_1 \tag{3.1b}$$

式（3.1a）乘 p_2，式（3.1b）点乘 $\boldsymbol{v}_2$，有

$$\beta p_2 \frac{\partial p_1}{\partial t} = -p_2 \nabla \cdot \boldsymbol{v}_1 + p_2 q_1 \tag{3.2a}$$

$$\rho_0 \frac{\partial \boldsymbol{v}_1}{\partial t} \cdot \boldsymbol{v}_2 = \rho_0 \boldsymbol{f}_1 \cdot \boldsymbol{v}_2 - \nabla p_1 \cdot \boldsymbol{v}_2 \tag{3.2b}$$

式（3.2a）减去式（3.2b），得到

$$\begin{aligned} &\beta p_2 \frac{\partial p_1}{\partial t} - \rho_0 \frac{\partial \boldsymbol{v}_1}{\partial t} \cdot \boldsymbol{v}_2 \\ &= -p_2 \nabla \cdot \boldsymbol{v}_1 + p_2 q_1 - \rho_0 \boldsymbol{f}_1 \cdot \boldsymbol{v}_2 + \nabla p_1 \cdot \boldsymbol{v}_2 \end{aligned} \tag{3.3a}$$

交换式（3.3a）下角标 1 和 2，得到

$$\begin{aligned} &\beta p_1 \frac{\partial p_2}{\partial t} - \rho_0 \frac{\partial \boldsymbol{v}_2}{\partial t} \cdot \boldsymbol{v}_1 \\ &= -p_1 \nabla \cdot \boldsymbol{v}_2 + p_1 q_2 - \rho_0 \boldsymbol{f}_2 \cdot \boldsymbol{v}_1 + \nabla p_2 \cdot \boldsymbol{v}_1 \end{aligned} \tag{3.3b}$$

式（3.3a）减去式（3.3b），得到

$$\begin{aligned} &\beta p_2 \frac{\partial p_1}{\partial t} - \beta p_1 \frac{\partial p_2}{\partial t} - \rho_0 \frac{\partial \boldsymbol{v}_1}{\partial t} \cdot \boldsymbol{v}_2 + \rho_0 \frac{\partial \boldsymbol{v}_2}{\partial t} \cdot \boldsymbol{v}_1 \\ &= -p_2 \nabla \cdot \boldsymbol{v}_1 + p_2 q_1 - \rho_0 \boldsymbol{f}_1 \cdot \boldsymbol{v}_2 + \nabla p_1 \cdot \boldsymbol{v}_2 \\ &\quad + p_1 \nabla \cdot \boldsymbol{v}_2 - p_1 q_2 + \rho_0 \boldsymbol{f}_2 \cdot \boldsymbol{v}_1 - \nabla p_2 \cdot \boldsymbol{v}_1 \\ &= \nabla \cdot (p_1 \boldsymbol{v}_2 - p_2 \boldsymbol{v}_1) - \rho_0 \boldsymbol{f}_1 \cdot \boldsymbol{v}_2 + \rho_0 \boldsymbol{f}_2 \cdot \boldsymbol{v}_1 + p_2 q_1 - p_1 q_2 \end{aligned} \tag{3.4}$$

由于 $p\,\partial p/\partial t$ 和 $\boldsymbol{v}\cdot(\partial \boldsymbol{v}/\partial t)$ 等项无法被消去，上式不便于应用，有两种处理方法：（1）在频域中取时间周期平均，得到频域互易方程，将在 3.2 节中讨论；（2）利用时域卷积，得到时域卷积形式互易方程，将在 3.3 节中讨论。

3.2 频域互易方程

对式（3.4）取时间周期平均，根据三角函数正交性，消去 $p\,\partial p/\partial t$ 和 $\boldsymbol{v}\cdot(\partial \mathbf{v}/\partial t)$ 等项，得到频域瑞利互易定理方程

$$\nabla \cdot (p_1 \boldsymbol{v}_2 - p_2 \boldsymbol{v}_1) - \rho_0 \boldsymbol{f}_1 \cdot \boldsymbol{v}_2 + \rho_0 \boldsymbol{f}_2 \cdot \boldsymbol{v}_1 + p_2 q_1 - p_1 q_2 = 0 \tag{3.5}$$

式中，$\boldsymbol{f}$、q、$\boldsymbol{v}$ 和 p 均为相量，在不引起误解的情况下，仍用原符号表示。

实际上，式（3.5）亦可以在频域直接导出。

线性声波系统的频域方程

$$\mathrm{j}\omega\beta p_2 = -\nabla\cdot\boldsymbol{v}_2 + q_2 \tag{3.6a}$$

$$\mathrm{j}\omega\rho_0\boldsymbol{v}_1 = \rho_0\boldsymbol{f}_1 - \nabla p_1 \tag{3.6b}$$

式（3.6a）乘 p_1，式（3.6b）点乘 $\boldsymbol{v}_2$，有

$$\mathrm{j}\omega\beta p_1p_2 = -p_1\nabla\cdot\boldsymbol{v}_2 + p_1q_2 \tag{3.7a}$$

$$\mathrm{j}\omega\rho_0\boldsymbol{v}_1\cdot\boldsymbol{v}_2 = \rho_0\boldsymbol{f}_1\cdot\boldsymbol{v}_2 - \nabla p_1\cdot\boldsymbol{v}_2 \tag{3.7b}$$

式（3.7a）和式（3.7b）相加，有

$$\mathrm{j}\omega\rho_0\boldsymbol{v}_1\cdot\boldsymbol{v}_2 + \mathrm{j}\omega\beta p_1p_2 = -\nabla\cdot\left(p_1\boldsymbol{v}_2\right) + \rho_0\boldsymbol{f}_1\cdot\boldsymbol{v}_2 + p_1q_2 \tag{3.8a}$$

交换下角标 1 和 2，有

$$\mathrm{j}\omega\rho_0\boldsymbol{v}_1\cdot\boldsymbol{v}_2 + \mathrm{j}\omega\beta p_1p_2 = -\nabla\cdot\left(p_2\boldsymbol{v}_1\right) + \rho_0\boldsymbol{f}_2\cdot\boldsymbol{v}_1 + p_2q_1 \tag{3.8b}$$

由此，得到频域互易方程

$$\nabla\cdot\left(p_1\boldsymbol{v}_2 - p_2\boldsymbol{v}_1\right) = \rho_0\boldsymbol{f}_1\cdot\boldsymbol{v}_2 - \rho_0\boldsymbol{f}_2\cdot\boldsymbol{v}_1 + p_1q_2 - p_2q_1 \tag{3.9}$$

式（3.9）和式（3.5）是一样的。

取式（3.9）的体积分，并利用高斯散度定理有

$$\begin{aligned}&\oint_S\left(p_1\boldsymbol{n}\cdot\boldsymbol{v}_2 - p_2\boldsymbol{n}\cdot\boldsymbol{v}_1\right)\mathrm{d}S\\&=\int_V\left(\rho_0\boldsymbol{f}_1\cdot\boldsymbol{v}_2 - \rho_0\boldsymbol{f}_2\cdot\boldsymbol{v}_1 + p_1q_2 - p_2q_1\right)\mathrm{d}V\end{aligned} \tag{3.10}$$

考虑三种特殊情况。

（1）无限空间：在无限远处，利用索末菲辐射条件，$p_1\boldsymbol{n}\cdot\boldsymbol{v}_2 - p_2\boldsymbol{n}\cdot\boldsymbol{v}_1 = \dfrac{1}{\mathrm{i}k}\left(\dfrac{\partial p_1}{\partial r}\boldsymbol{n}\cdot\boldsymbol{v}_2 - \dfrac{\partial p_2}{\partial r}\boldsymbol{n}\cdot\boldsymbol{v}_1\right)$是$\dfrac{1}{r^3}$级小量，而 $\mathrm{d}S\propto\dfrac{1}{r^2}$，因此，式（3.10）中面积分为零。

（2）有限空间理想边界条件：对于刚性边界，$\boldsymbol{n}\cdot\boldsymbol{v}_2 = \boldsymbol{n}\cdot\boldsymbol{v}_1 = 0$；对于软边界，$p_1 = p_2 = 0$，式（3.10）中面积分为零。

（3）阻抗边界条件：法向声阻抗率 $z=\dfrac{p_2}{\boldsymbol{n}\cdot\boldsymbol{v}_2}=\dfrac{p_1}{\boldsymbol{n}\cdot\boldsymbol{v}_1}$，于是

$$p_1\boldsymbol{n}\cdot\boldsymbol{v}_2-p_2\boldsymbol{n}\cdot\boldsymbol{v}_1=z\left[(\boldsymbol{n}\cdot\boldsymbol{v}_1)(\boldsymbol{n}\cdot\boldsymbol{v}_2)-(\boldsymbol{n}\cdot\boldsymbol{v}_2)(\boldsymbol{n}\cdot\boldsymbol{v}_1)\right]=0$$

式（3.10）中面积分为零。

当满足以上三种情况，式（3.10）化为

$$\int_V\left(\rho_0\boldsymbol{f}_1\cdot\boldsymbol{v}_2+p_1q_2\right)\mathrm{d}V=\int_V\left(\rho_0\boldsymbol{f}_2\cdot\boldsymbol{v}_1+p_2q_1\right)\mathrm{d}V \tag{3.11}$$

需要说明的是，此互易定理也适用于非均匀介质。声场互易定理是线性物理系统的基本性质，反映了空间反演的对称性（程建春，2022）。

3.3　时域卷积形式互易方程

参考附录 A 卷积运算规则，式（3.1a）与 p_2 乘卷积，式（3.1b）与 $\boldsymbol{v}_2$ 点卷积，有

$$\beta p_2\circledcirc\frac{\partial p_1}{\partial t}=-p_2\circledcirc\nabla\cdot\boldsymbol{v}_1+p_2\circledcirc q_1 \tag{3.12a}$$

$$\rho_0\frac{\partial\boldsymbol{v}_1}{\partial t}\odot\boldsymbol{v}_2=\rho_0\boldsymbol{f}_1\odot\boldsymbol{v}_2-\nabla p_1\odot\boldsymbol{v}_2 \tag{3.12b}$$

式（3.12a）减去式（3.12b），得到

$$\begin{aligned}&\beta p_2\circledcirc\frac{\partial p_1}{\partial t}-\rho_0\frac{\partial\boldsymbol{v}_1}{\partial t}\odot\boldsymbol{v}_2\\&=-p_2\circledcirc\nabla\cdot\boldsymbol{v}_1+p_2\circledcirc q_1-\rho_0\boldsymbol{f}_1\odot\boldsymbol{v}_2+\nabla p_1\odot\boldsymbol{v}_2\end{aligned} \tag{3.13a}$$

交换上式下角标 1 和 2，得到

$$\begin{aligned}&\beta p_1\circledcirc\frac{\partial p_2}{\partial t}-\rho_0\frac{\partial\boldsymbol{v}_2}{\partial t}\odot\boldsymbol{v}_1\\&=-p_1\circledcirc\nabla\cdot\boldsymbol{v}_2+p_1\odot q_2-\rho_0\boldsymbol{f}_2\odot\boldsymbol{v}_1+\nabla p_2\odot\boldsymbol{v}_1\end{aligned} \tag{3.13b}$$

式（3.13a）减去式（3.13b），由于

$$p_2 \circledcirc \frac{\partial p_1}{\partial t} = p_1 \circledcirc \frac{\partial p_2}{\partial t}, \quad \frac{\partial \boldsymbol{v}_1}{\partial t} \odot \boldsymbol{v}_2 = \frac{\partial \boldsymbol{v}_2}{\partial t} \odot \boldsymbol{v}_1$$

$$\nabla \cdot (p_1 \odot \boldsymbol{v}_2) = \nabla p_1 \odot \boldsymbol{v}_2 + p_1 \circledcirc \nabla \cdot \boldsymbol{v}_2$$

$$\nabla \cdot (p_2 \odot \boldsymbol{v}_1) = p_2 \circledcirc \nabla \cdot \boldsymbol{v}_1 + \nabla p_2 \odot \boldsymbol{v}_1$$

得到时域卷积形式互易方程

$$\begin{aligned} &\nabla \cdot (p_1 \circledcirc \boldsymbol{v}_2 - p_2 \circledcirc \boldsymbol{v}_1) \\ &= \rho_0 \boldsymbol{f}_1 \odot \boldsymbol{v}_2 - \rho_0 \boldsymbol{f}_2 \odot \boldsymbol{v}_1 + p_1 \circledcirc q_2 - p_2 \circledcirc q_1 \end{aligned} \tag{3.14}$$

实际上，式（3.9）和式（3.14）可以相互直接导出，只要利用频域乘积等价于时域卷积即可。

3.4　频域功率形式互易方程

为使频域下两个物理量相乘有意义，通常一个量需要取复共轭后再与另一个相乘。频率功率形式互易方程正是这样一类方程。下面给出推导过程。

对式（3.6a）两边取共轭，有

$$-\mathrm{j}\omega\beta p_2^* = -\nabla \cdot \boldsymbol{v}_2^* + q_2^* \tag{3.15}$$

式（3.15）乘 p_1，式（3.6b）点乘 $\boldsymbol{v}_2^*$，有

$$-\mathrm{j}\omega\beta p_1 p_2^* = -p_1 \nabla \cdot \boldsymbol{v}_2^* + p_1 q_2^* \tag{3.16a}$$

$$\mathrm{j}\omega\rho_0 \boldsymbol{v}_1 \cdot \boldsymbol{v}_2^* = \rho_0 \boldsymbol{f}_1 \cdot \boldsymbol{v}_2^* - \nabla p_1 \cdot \boldsymbol{v}_2^* \tag{3.16b}$$

式（3.16a）和式（3.16b）相加，有

$$\mathrm{j}\omega\rho_0 \boldsymbol{v}_1 \cdot \boldsymbol{v}_2^* - \mathrm{j}\omega\beta p_1 p_2^* = -\nabla \cdot \left(p_1 \boldsymbol{v}_2^*\right) + \rho_0 \boldsymbol{f}_1 \cdot \boldsymbol{v}_2^* + p_1 q_2^* \tag{3.17a}$$

交换下角标 1 和 2，有

$$\mathrm{j}\omega\rho_0 \boldsymbol{v}_2 \cdot \boldsymbol{v}_1^* - \mathrm{j}\omega\beta p_2 p_1^* = -\nabla \cdot \left(p_2 \boldsymbol{v}_1^*\right) + \rho_0 \boldsymbol{f}_2 \cdot \boldsymbol{v}_1^* + p_2 q_1^* \tag{3.17b}$$

取出式（3.17）的实部，有

$$\begin{aligned} &-\omega\rho_0 \operatorname{Im}(\boldsymbol{v}_1 \cdot \boldsymbol{v}_2^*) + \omega\beta \operatorname{Im}(p_1 p_2^*) \\ &= -\nabla \cdot \operatorname{Re}\left(p_1 \boldsymbol{v}_2^*\right) + \operatorname{Re}(\rho_0 \boldsymbol{f}_1 \cdot \boldsymbol{v}_2^*) + \operatorname{Re}(p_1 q_2^*) \end{aligned} \tag{3.18a}$$

$$
\begin{aligned}
&-\omega\rho_0 \operatorname{Im}(\boldsymbol{v}_2 \cdot \boldsymbol{v}_1^*) + \omega\beta \operatorname{Im}(p_2 p_1^*) \\
&= -\nabla \cdot \operatorname{Re}\left(p_2 \boldsymbol{v}_1^*\right) + \operatorname{Re}(\rho_0 \boldsymbol{f}_2 \cdot \boldsymbol{v}_1^*) + \operatorname{Re}(p_2 q_1^*)
\end{aligned} \tag{3.18b}
$$

式中，Re 和 Im 分别表示取出复数的实部和虚部。

将式（3.18a）和式（3.18b）相加后再乘1/2，注意到复数和它的复共轭实部相等，虚部互为相反数，得到频域功率形式互易方程

$$
\begin{aligned}
&\nabla \cdot \frac{1}{2} \operatorname{Re}(p_1 \boldsymbol{v}_2^* + p_2^* \boldsymbol{v}_1) \\
&= \frac{1}{2} \operatorname{Re}(\rho_0 \boldsymbol{f}_1 \cdot \boldsymbol{v}_2^* + \rho_0 \boldsymbol{f}_2^* \cdot \boldsymbol{v}_1 + p_1 q_2^* + p_2^* q_1)
\end{aligned} \tag{3.19a}
$$

式中，$\frac{1}{2}\operatorname{Re}(p\boldsymbol{v}^*)$ 和 $\frac{1}{2}\operatorname{Re}(\rho_0 \boldsymbol{f} \cdot \boldsymbol{v}^* + pq^*)$ 分别为复能流密度和复声源功率密度，与其相应的 $p\boldsymbol{v}$ 和 $\rho_0 \boldsymbol{f} \cdot \boldsymbol{v} + pq$ 分别具有能流密度和声源功率密度的量纲，并没有其他物理意义，可借鉴 Rumsey 在电磁场互易定理中提出的概念（Rumsey，1954），将其定义为反应项，即能流密度反应和声源功率密度反应，则瑞利互易定理可以总结为两组场源之间的“作用与反作用”。

由于复数和它的复共轭实部相等，式（3.19a）也可以写为

$$
\begin{aligned}
&\nabla \cdot \frac{1}{2} \operatorname{Re}(p_1^* \boldsymbol{v}_2 + p_2 \boldsymbol{v}_1^*) \\
&= \frac{1}{2} \operatorname{Re}(\rho_0 \boldsymbol{f}_1^* \cdot \boldsymbol{v}_2 + \rho_0 \boldsymbol{f}_2 \cdot \boldsymbol{v}_1^* + p_1^* q_2 + p_2 q_1^*)
\end{aligned} \tag{3.19b}
$$

需要说明的是，式（3.19a）中，下角标 2 的场量取共轭，式（3.19b）中，下角标 1 的场量取共轭，二者是等价的。

略去 $\frac{1}{2}\operatorname{Re}$，（3.19b）简记为

$$
\nabla \cdot \left(p_1^* \boldsymbol{v}_2 + p_2 \boldsymbol{v}_1^*\right) = \rho_0 \boldsymbol{f}_1^* \cdot \boldsymbol{v}_2 + \rho_0 \boldsymbol{f}_2 \cdot \boldsymbol{v}_1^* + p_1^* q_2 + p_2 q_1^* \tag{3.19c}
$$

实际上，式（3.19）亦可以用合成场方法导出。

式（2.42）为二阶声场能量守恒方程

$$\frac{\partial}{\partial t}\left(\frac{1}{2}\rho_0 v^2+\frac{1}{2}\beta p^2\right)+\nabla\cdot(p\boldsymbol{v})=\rho_0\boldsymbol{f}\cdot\boldsymbol{v}+pq$$

取时间周期平均，得到频域能量守恒方程

$$\nabla\cdot\frac{1}{2}\mathrm{Re}\left(p\boldsymbol{v}^*\right)=\frac{1}{2}\mathrm{Re}\left(\boldsymbol{f}\cdot\boldsymbol{v}^*+pq^*\right) \tag{3.20}$$

式中，在不引起误解的前提下，$\boldsymbol{f}$、q、$\boldsymbol{v}$ 和 p 各相量仍采用原来符号表示。

采用合成场方法，取两组场源相量

$$p=p_1+p_2,\quad \boldsymbol{f}=\boldsymbol{f}_1+\boldsymbol{f}_2,\quad \boldsymbol{v}=\boldsymbol{v}_1+\boldsymbol{v}_2,\quad q=q_1+q_2$$

代入式(3.20),取出合成场的交叉项,即互作用量,亦可导出式(3.19)。

若将声学领域的瑞利互易定理对应电磁学领域的洛伦兹互易定理，则式（3.19）对应电磁场互能方程，因而将此式称为声场互能方程亦无不可。熟悉电磁场互易方程的读者知道，通过共轭变换，由互能方程可以导出洛伦兹互易定理，那么，通过共轭变换，由声场互能方程可以导出瑞利互易方程。

对式（3.19c）下角标为 1 的变量取共轭变换，即利用

$$p^*\to p\,,\quad \boldsymbol{f}^*\to\boldsymbol{f}\,,\quad \boldsymbol{v}^*\to-\boldsymbol{v}\,,\quad q^*\to-q$$

得到瑞利互易方程，即式（3.5）。

3.5　基于亥姆霍兹方程的互易方程

线性声波系统的频域方程

$$\mathrm{j}\omega\beta p=-\nabla\cdot\boldsymbol{v}+q \tag{3.21a}$$

$$\mathrm{j}\omega\rho_0\boldsymbol{v}=\rho_0\boldsymbol{f}-\nabla p \tag{3.21b}$$

式（3.21b）求散度，有

$$\mathrm{j}\omega\rho_0\nabla\cdot\boldsymbol{v}=\rho_0\nabla\cdot\boldsymbol{f}-\nabla^2 p \tag{3.22}$$

将式（3.21a）代入式（3.22），得到频域声压波动方程，即亥姆霍兹方程

$$\nabla^2 p + k^2 p = \rho_0 \nabla \cdot \boldsymbol{f} - \mathrm{j}\omega\rho_0 q \tag{3.23}$$

式中，$k^2 = \omega^2 / c_0^2 = \omega^2 \beta \rho_0$。

考虑两组声场

$$\nabla^2 p_1 + k^2 p_1 = \rho_0 \nabla \cdot \boldsymbol{f}_1 - \mathrm{j}\omega\rho_0 q_1 \tag{3.24a}$$

$$\nabla^2 p_2 + k^2 p_2 = \rho_0 \nabla \cdot \boldsymbol{f}_2 - \mathrm{j}\omega\rho_0 q_2 \tag{3.24b}$$

式（3.24a）和式（3.24b）分别乘 p_2 和 p_1 并相减，有

$$\begin{aligned} & p_2 \nabla^2 p_1 - p_1 \nabla^2 p_2 \\ & = \rho_0 p_2 \nabla \cdot \boldsymbol{f}_1 - \rho_0 p_1 \nabla \cdot \boldsymbol{f}_2 - \mathrm{j}\omega\rho_0 p_2 q_1 + \mathrm{j}\omega\rho_0 p_1 q_2 \end{aligned} \tag{3.25}$$

取式（3.25）积分并利用格林定理

$$\int_V \left(p_2 \nabla^2 p_1 - p_1 \nabla^2 p_2 \right) \mathrm{d}V = \oint_S \boldsymbol{n} \cdot \left(p_2 \nabla p_1 - p_1 \nabla p_2 \right) \mathrm{d}S$$

有

$$\begin{aligned} & \oint_S \boldsymbol{n} \cdot \left(p_2 \nabla p_1 - p_1 \nabla p_2 \right) \mathrm{d}S \\ & = \int_V \left(\rho_0 p_2 \nabla \cdot \boldsymbol{f}_1 - \rho_0 p_1 \nabla \cdot \boldsymbol{f}_2 - \mathrm{j}\omega\rho_0 p_2 q_1 + \mathrm{j}\omega\rho_0 p_1 q_2 \right) \mathrm{d}V \end{aligned} \tag{3.26}$$

式（3.25）和式（3.26）分别为基于亥姆霍兹方程的互易方程微分形式和积分形式。

我们在电磁学能量型互易方程的梳理过程中，并未涉及频域电磁场波动方程（即亥姆霍兹方程）的互易方程，实际上，若将声压 p 换成电场强度 $\boldsymbol{E}$，将声源换成电磁源，不难得到电磁学中的基于亥姆霍兹方程的互易方程。

第 4 章　动量型声场互易方程

我们遵循电磁学的研究思路，对声学中的互易定理作了扩展，在频域提出了两个声场动量互易方程、声场互动量方程和声场角动量方程，并给出了详细的推导过程。按照类似的方式，可以导出整个动量型声场互易方程体系，习题中列举了其中部分互易方程，读者可自行推导。

4.1　声场动量互易方程

假定介质均匀，考虑两组线性声场，分别用下角标 1 和 2 表示。频域声场方程为

$$\mathrm{j}\omega\rho_0\boldsymbol{v}_1=\rho_0\boldsymbol{f}_1-\nabla p_1 \tag{4.1a}$$

$$\mathrm{j}\omega\beta p_2=-\nabla\cdot\boldsymbol{v}_2+q_2 \tag{4.1b}$$

$$\nabla\times\boldsymbol{v}_1=0 \tag{4.1c}$$

$$\nabla\times\boldsymbol{v}_2=0 \tag{4.1d}$$

式（4.1a）乘 βp_2，式（4.1b）乘 $\rho_0\boldsymbol{v}_1$，有

$$\mathrm{j}\omega\frac{1}{c_0^2}\boldsymbol{v}_1p_2=\frac{1}{c_0^2}\boldsymbol{f}_1p_2-\beta p_2\nabla p_1 \tag{4.2a}$$

$$\mathrm{j}\omega\frac{1}{c_0^2}\boldsymbol{v}_1p_2=-\rho_0\boldsymbol{v}_1\nabla\cdot\boldsymbol{v}_2+\rho_0q_2\boldsymbol{v}_1 \tag{4.2b}$$

由式（4.2）可得

$$-\frac{1}{c_0^2}\boldsymbol{f}_1p_2+\rho_0q_2\boldsymbol{v}_1=\rho_0\boldsymbol{v}_1\nabla\cdot\boldsymbol{v}_2-\beta p_2\nabla p_1 \tag{4.3a}$$

交换下角标 1 和 2，有

$$-\frac{1}{c_0^2}\boldsymbol{f}_2 p_1 + \rho_0 q_1 \boldsymbol{v}_2 = \rho_0 \boldsymbol{v}_2 \nabla \cdot \boldsymbol{v}_1 - \beta p_1 \nabla p_2 \tag{4.3b}$$

式（4.3a）与式（4.3b）相加，有

$$\begin{aligned}&-\frac{1}{c_0^2}\boldsymbol{f}_1 p_2 - \frac{1}{c_0^2}\boldsymbol{f}_2 p_1 + \rho_0 q_2 \boldsymbol{v}_1 + \rho_0 q_1 \boldsymbol{v}_2 \\ &= \rho_0 \boldsymbol{v}_1 \nabla \cdot \boldsymbol{v}_2 + \rho_0 \boldsymbol{v}_2 \nabla \cdot \boldsymbol{v}_1 - \nabla\left(\beta p_1 p_2\right)\end{aligned} \tag{4.4}$$

取附录公式（B1）中 $\boldsymbol{A}_2 = \boldsymbol{v}_2$， $\boldsymbol{B}_1 = \boldsymbol{v}_1$，并利用式（4.1c）和式（4.1d），有

$$\nabla \cdot \left(\boldsymbol{v}_1 \cdot \boldsymbol{v}_2 \boldsymbol{I} - \boldsymbol{v}_1 \boldsymbol{v}_2 - \boldsymbol{v}_2 \boldsymbol{v}_1\right) = -\left(\nabla \cdot \boldsymbol{v}_1\right)\boldsymbol{v}_2 - \left(\nabla \cdot \boldsymbol{v}_2\right)\boldsymbol{v}_1 \tag{4.5}$$

式（4.4）可化为

$$\begin{aligned}&-\frac{1}{c_0^2}\boldsymbol{f}_1 p_2 - \frac{1}{c_0^2}\boldsymbol{f}_2 p_1 + \rho_0 q_2 \boldsymbol{v}_1 + \rho_0 q_1 \boldsymbol{v}_2 \\ &= -\nabla \cdot \left[\left(\beta p_1 p_2 + \rho_0 \boldsymbol{v}_1 \cdot \boldsymbol{v}_2\right)\boldsymbol{I} - \rho_0 \boldsymbol{v}_1 \boldsymbol{v}_2 - \rho_0 \boldsymbol{v}_2 \boldsymbol{v}_1\right]\end{aligned} \tag{4.6a}$$

利用 $\rho = p/c_0^2$，式（4.6a）亦可以写为

$$\begin{aligned}&-\boldsymbol{f}_1 \rho_2 - \boldsymbol{f}_2 \rho_1 + \rho_0 q_2 \boldsymbol{v}_1 + \rho_0 q_1 \boldsymbol{v}_2 \\ &= -\nabla \cdot \left[\left(\beta p_1 p_2 + \rho_0 \boldsymbol{v}_1 \cdot \boldsymbol{v}_2\right)\boldsymbol{I} - \rho_0 \boldsymbol{v}_1 \boldsymbol{v}_2 - \rho_0 \boldsymbol{v}_2 \boldsymbol{v}_1\right]\end{aligned} \tag{4.6b}$$

取式（4.6a）和式（4.6b）的体积分，利用高斯散度定理，有

$$\begin{aligned}&\int_V \left(-\frac{1}{c_0^2}\boldsymbol{f}_1 p_2 - \frac{1}{c_0^2}\boldsymbol{f}_2 p_1 + \rho_0 q_2 \boldsymbol{v}_1 + \rho_0 q_1 \boldsymbol{v}_2\right)\mathrm{d}V \\ &= -\oint_S \left[(\beta p_1 p_2 + \rho_0 \boldsymbol{v}_1 \cdot \boldsymbol{v}_2)\boldsymbol{e}_n - \rho_0(\boldsymbol{e}_n \cdot \boldsymbol{v}_1)\boldsymbol{v}_2 - \rho_0(\boldsymbol{e}_n \cdot \boldsymbol{v}_2)\boldsymbol{v}_1\right]\mathrm{d}S\end{aligned} \tag{4.6c}$$

$$\begin{aligned}&\int_V (-\boldsymbol{f}_1 \rho_2 - \boldsymbol{f}_2 \rho_1 + \rho_0 q_2 \boldsymbol{v}_1 + \rho_0 q_1 \boldsymbol{v}_2)\mathrm{d}V \\ &= -\oint_S \left[(\beta p_1 p_2 + \rho_0 \boldsymbol{v}_1 \cdot \boldsymbol{v}_2)\boldsymbol{e}_n - \rho_0(\boldsymbol{e}_n \cdot \boldsymbol{v}_1)\boldsymbol{v}_2 - \rho_0(\boldsymbol{e}_n \cdot \boldsymbol{v}_2)\boldsymbol{v}_1\right]\mathrm{d}S\end{aligned} \tag{4.6d}$$

式（4.6）即声场动量互易方程。

声场动量互易方程的物理意义可以在其积分方程中得到明确体

现。考虑以下两种情况：

（1）质量源 q_1 和 q_2 为零，强度为 $\boldsymbol{f}_{01}$ 和 $\boldsymbol{f}_{02}$ 的两个点力源分别处于 $\boldsymbol{r}_1$ 和 $\boldsymbol{r}_2$，即

$$\boldsymbol{f}_1(\boldsymbol{r},\omega)=f_{01i}\delta(\boldsymbol{r},\boldsymbol{r}_1)\boldsymbol{e}_{x_i}, \quad \boldsymbol{f}_2(\boldsymbol{r},\omega)=f_{02i}\delta(\boldsymbol{r},\boldsymbol{r}_2)\boldsymbol{e}_{x_i}$$

其中 $\boldsymbol{e}_{x_i}\,(i=1,2,3)$ 表示直角坐标系下三个方向的单位矢量。需要注意，δ 函数的单位是 m^{-3}。

将点力源与点质量源代入式（4.6d），得到

$$\rho_1(\boldsymbol{r}_2,\omega)f_{02i}\boldsymbol{e}_{x_i}=-\rho_2(\boldsymbol{r}_1,\omega)f_{01i}\boldsymbol{e}_{x_i} \tag{4.7a}$$

式中，$\rho_1(\boldsymbol{r}_2,\omega)$ 和 $\rho_2(\boldsymbol{r}_1,\omega)$ 分别表示位于 $\boldsymbol{r}_1$ 的点力源 $\boldsymbol{f}_1$ 在 $\boldsymbol{r}_2$ 引起的密度场和位于 $\boldsymbol{r}_2$ 的点力源 $\boldsymbol{f}_2$ 在 $\boldsymbol{r}_1$ 引起的密度场。

式（4.7a）是在频域中直接将两个量相乘，不具备明确的物理意义。若使式（4.7a）具有实际物理意义，可以将声场或声源任一个量取复共轭，然后对等式两边取实部，再乘以 $1/2$，表示在一个周期内的力平均值。即

$$\frac{1}{2}\mathrm{Re}[\rho_1^*(\boldsymbol{r}_2,\omega)f_{02i}\boldsymbol{e}_{x_i}]=-\frac{1}{2}\mathrm{Re}[\rho_2(\boldsymbol{r}_1,\omega)f_{01i}^*\boldsymbol{e}_{x_i}]$$

上式的物理意义为：两个线性声学系统在点力源位置的力平均值大小相等，方向相反。

若要直接对式（4.7a）做出物理解释，可以借鉴 Rumsey 在电磁场互易定理中提出的“反应”概念，反应项包括标量反应项、矢量反应项等（Rumsey，1954；Liu et al.，2022a，2023）。参照电磁场互易定理中反应的概念，本书将表达式 $\rho_2(\boldsymbol{r}_1,\omega)f_{01i}\boldsymbol{e}_{x_i}$ 和 $\rho_1(\boldsymbol{r}_2,\omega)f_{02i}\boldsymbol{e}_{x_i}$ 分别定义为力源 1 对密度场 2 的反应和力源 2 对密度场 1 的反应，反应虽不具有实际物理意义，但是具有力的单位（N）。式（4.7a）表达的含义为：两个线性声学系统在点力源位置的力反应项大小相等，方向相反。本书余下部分出现的反应概念均可参照上述定义，不再一一指明。

当 $f_{01i}=f_{02i}$ 时，利用 $\rho=p/c_0^2$，式（4.7a）简化为

$$p_1(\boldsymbol{r}_2,\omega)\boldsymbol{e}_{x_i}=-p_2(\boldsymbol{r}_1,\omega)\boldsymbol{e}_{x_i}$$

即位于$\boldsymbol{r}_1$的点力源$\boldsymbol{f}_1$在$\boldsymbol{r}_2$产生的压力$p_1(\boldsymbol{r}_2,\omega)\boldsymbol{e}_{x_i}$与位于$\boldsymbol{r}_2$的点力源$\boldsymbol{f}_2$在$\boldsymbol{r}_1$产生的压力$p_2(\boldsymbol{r}_1,\omega)\boldsymbol{e}_{x_i}$大小相等，方向相反。压力的单位为$\mathrm{N/m^2}$。

（2）力源$\boldsymbol{f}_1$和$\boldsymbol{f}_2$为零，强度为q_{01}和q_{02}的两个点质量源分别处于$\boldsymbol{r}_1$和$\boldsymbol{r}_2$，即

$$q_1(\boldsymbol{r},\omega)=q_{01}\delta(\boldsymbol{r},\boldsymbol{r}_1)\text{，}\quad q_2(\boldsymbol{r},\omega)=q_{02}\delta\boldsymbol{r},\boldsymbol{r}_2)$$

将点力源与点质量源代入式（4.6d），得到

$$\rho_0 q_{02}\boldsymbol{v}_1(\boldsymbol{r}_2,\omega)=-\rho_0 q_{01}\boldsymbol{v}_2(\boldsymbol{r}_1,\omega) \tag{4.7b}$$

式（4.7b）中，$v_1(\boldsymbol{r}_2,\omega)$和$v_2(\boldsymbol{r}_1,\omega)$分别表示点质量源$q_1$在$\boldsymbol{r}_2$点产生的速度和点质量源$q_2$在$\boldsymbol{r}_1$点产生的速度，式（4.7b）左右两端具有动量变化率即力的单位，表达的含义为：两个线性声学系统在点质量源位置的动量变化率反应项（或力反应项）大小相等，方向相反。

当$q_{01}=q_{02}$时，式（4.7b）简化为

$$\rho_0\boldsymbol{v}_1(\boldsymbol{r}_2,\omega)=-\rho_0\boldsymbol{v}_2(\boldsymbol{r}_1,\omega)$$

即位于$\boldsymbol{r}_1$的点质量源q_1在$\boldsymbol{r}_2$产生的动量密度与位于$\boldsymbol{r}_1$的点质量源q_2在$\boldsymbol{r}_1$产生的动量密度大小相等，方向相反。

若继续简化，约去ρ_0，得到

$$\boldsymbol{v}_1(\boldsymbol{r}_2,\omega)=-\boldsymbol{v}_2(\boldsymbol{r}_1,\omega)$$

即位于$\boldsymbol{r}_1$的点质量源q_1在$\boldsymbol{r}_2$产生的动量质量密度（即单位质量的动量，也就是速度）与位于$\boldsymbol{r}_1$的点质量源q_2在$\boldsymbol{r}_1$产生的动量质量密度大小相等，方向相反。

4.2　声场互动量方程

直接从线性声波系统的动量守恒方程出发，利用合成场方法，可以导出声场互动量方程，在此基础上，利用共轭变换，也可以导出声场动量互易方程。

参考式（2.36）和式（2.45），声波系统的动量守恒方程为

$$\frac{\partial}{\partial t}\left(\frac{p}{c_0^2}\boldsymbol{v}\right)-\frac{p}{c_0^2}\boldsymbol{f}-\rho_0 q\boldsymbol{v}=-\nabla\cdot\left[\left(\frac{1}{2}\beta p^2-\frac{1}{2}\rho_0 v^2\right)\boldsymbol{I}+\rho_0\boldsymbol{v}\boldsymbol{v}\right]$$

对于时谐场，取周期平均，有

$$\begin{aligned}&\mathrm{Re}\left(\frac{1}{2c_0^2}p\boldsymbol{f}^*\right)+\mathrm{Re}\left(\frac{1}{2c_0^2}\rho_0 q\boldsymbol{v}^*\right)\\&=\nabla\cdot\left[\mathrm{Re}\left(\frac{1}{4}\beta pp^*-\frac{1}{4}\rho_0\boldsymbol{v}\boldsymbol{v}^*\right)\boldsymbol{I}+\mathrm{Re}\left(\frac{1}{2}\rho_0\boldsymbol{v}\boldsymbol{v}^*\right)\right]\end{aligned}\tag{4.8}$$

式（4.8）中 $\boldsymbol{f}$ 、q 、$\boldsymbol{v}$ 和 p 为相量，为方便起见，这里仍用原符号表示。

采用合成场方法，取两组场源

$$p=p_1+p_2,\quad \boldsymbol{f}=\boldsymbol{f}_1+\boldsymbol{f}_2,\quad \boldsymbol{v}=\boldsymbol{v}_1+\boldsymbol{v}_2,\quad q=q_1+q_2$$

代入式（4.8），取出互作用量，略去Re，有

$$\begin{aligned}&\frac{p_1^*\boldsymbol{f}_2}{c_0^2}+\frac{\boldsymbol{f}_1^* p_2}{c_0^2}+\rho_0 q_1^*\boldsymbol{v}_2+\rho_0 q_2\boldsymbol{v}_1^*\\&=\nabla\cdot[(\beta p_1^* p_2-\rho_0\boldsymbol{v}_1^*\cdot\boldsymbol{v}_2)\boldsymbol{I}+\rho_0\boldsymbol{v}_1^*\boldsymbol{v}_2+\rho_0\boldsymbol{v}_2\boldsymbol{v}_1^*]\end{aligned}\tag{4.9a}$$

取式（4.9a）的体积分，利用高斯散度定理，有

$$\begin{aligned}&\int_V\left(\frac{p_1^*\boldsymbol{f}_2}{c_0^2}+\frac{\boldsymbol{f}_1^* p_2}{c_0^2}+\rho_0 q_1^*\boldsymbol{v}_2+\rho_0 q_2\boldsymbol{v}_1^*\right)\mathrm{d}V\\&=\oint_S\left[(\beta p_1^* p_2-\rho_0\boldsymbol{v}_1^*\cdot\boldsymbol{v}_2)\boldsymbol{e}_n+\rho_0(\boldsymbol{e}_n\cdot\boldsymbol{v}_1^*)\boldsymbol{v}_2+\rho_0(\boldsymbol{e}_n\cdot\boldsymbol{v}_2)\boldsymbol{v}_1^*\right]\mathrm{d}S\end{aligned}\tag{4.9b}$$

式（4.9）即声场互动量方程。

对式（4.9）下角标 1 的量采用共轭变换，即

$$p^*\to p\,,\quad \boldsymbol{f}^*\to\boldsymbol{f}\,,\quad \boldsymbol{v}^*\to-\boldsymbol{v}\,,\quad q^*\to -q$$

式（4.9）化为式（4.6）。

需要说明的是，之所以将式（4.9）命名为声场互动量方程，是遵

循了电磁场互动量方程的命名方式，也可以参考频域瑞利互易方程和频域功率形式互易方程的关系，将式（4.9）命名为频域动量形式互易方程。

4.3　声场角动量互易方程

假定介质均匀。用位置矢量 $\boldsymbol{r}$ 叉乘式（4.6a），有

$$\begin{aligned}&-\frac{p_1}{c_0^2}\boldsymbol{r}\times\boldsymbol{f}_2-\frac{p_2}{c_0^2}\boldsymbol{r}\times\boldsymbol{f}_1+\rho_0 q_1\boldsymbol{r}\times\boldsymbol{v}_2+\rho_0 q_2\boldsymbol{r}\times\boldsymbol{v}_1\\&=-\boldsymbol{r}\times\nabla\cdot[(\beta p_1 p_2+\rho_0\boldsymbol{v}_1\cdot\boldsymbol{v}_2)\boldsymbol{I}-\rho_0\boldsymbol{v}_1\boldsymbol{v}_2-\rho_0\boldsymbol{v}_2\boldsymbol{v}_1]\end{aligned}\tag{4.10}$$

利用附录恒等式（B11）

$$-\boldsymbol{r}\times\nabla\cdot\left(\varphi\boldsymbol{A}\boldsymbol{B}\right)=\nabla\cdot\left(\varphi\boldsymbol{A}\boldsymbol{B}\times\boldsymbol{r}\right)+\varphi\boldsymbol{A}\times\boldsymbol{B}\tag{4.11}$$

有

$$\begin{aligned}&-\boldsymbol{r}\times\nabla\cdot[(\beta p_1 p_2+\rho_0\boldsymbol{v}_1\cdot\boldsymbol{v}_2)\boldsymbol{I}]\\&=\nabla\cdot[(\beta p_1 p_2+\rho_0\boldsymbol{v}_1\cdot\boldsymbol{v}_2)\boldsymbol{I}\times\boldsymbol{r}]\\&\quad+(\beta p_1 p_2+\rho_0\boldsymbol{v}_1\cdot\boldsymbol{v}_2)(\boldsymbol{e}_x\times\boldsymbol{e}_x+\boldsymbol{e}_y\times\boldsymbol{e}_y+\boldsymbol{e}_z\times\boldsymbol{e}_z)\end{aligned}\tag{4.12a}$$

$$\begin{aligned}&-\boldsymbol{r}\times\nabla\cdot[(-\rho_0\boldsymbol{v}_1\boldsymbol{v}_2-\rho_0\boldsymbol{v}_2\boldsymbol{v}_1)]\\&=-\nabla\cdot(\rho_0\boldsymbol{v}_1\boldsymbol{v}_2\times\boldsymbol{r}+\rho_0\boldsymbol{v}_2\boldsymbol{v}_1\times\boldsymbol{r})-(\rho_0\boldsymbol{v}_1\times\boldsymbol{v}_2+\rho_0\boldsymbol{v}_2\times\boldsymbol{v}_1)\end{aligned}\tag{4.12b}$$

式（4.12）右端第二项为零，式（4.10）可化为

$$\begin{aligned}&\boldsymbol{r}\times\left(-\frac{p_1}{c_0^2}\boldsymbol{f}_2-\frac{p_2}{c_0^2}\boldsymbol{f}_1+\rho_0 q_1\boldsymbol{v}_2+\rho_0 q_2\boldsymbol{v}_1\right)\\&=\nabla\cdot\{[(\beta p_1 p_2+\rho_0\boldsymbol{v}_1\cdot\boldsymbol{v}_2)\boldsymbol{I}-\rho_0\boldsymbol{v}_1\boldsymbol{v}_2-\rho_0\boldsymbol{v}_2\boldsymbol{v}_1]\times\boldsymbol{r}\}\end{aligned}\tag{4.13a}$$

或

$$\begin{aligned}&\boldsymbol{r}\times(-\rho_1\boldsymbol{f}_2-\rho_2\boldsymbol{f}_1+\rho_0 q_1\boldsymbol{v}_2+\rho_0 q_2\boldsymbol{v}_1)\\&=\nabla\cdot\{[(\beta p_1 p_2+\rho_0\boldsymbol{v}_1\cdot\boldsymbol{v}_2)\boldsymbol{I}-\rho_0\boldsymbol{v}_1\boldsymbol{v}_2-\rho_0\boldsymbol{v}_2\boldsymbol{v}_1]\times\boldsymbol{r}\}\end{aligned}\tag{4.13b}$$

取式（4.13a）和式（4.13b）的体积分，利用高斯散度定理，有

$$\int_V \boldsymbol{r}\times\left(-\frac{p_1}{c_0^2}\boldsymbol{f}_2-\frac{p_2}{c_0^2}\boldsymbol{f}_1+\rho_0 q_1\boldsymbol{v}_2+\rho_0 q_2\boldsymbol{v}_1\right)\mathrm{d}V$$
$$=\oint_S\left[(\beta p_1 p_2+\rho_0\boldsymbol{v}_1\cdot\boldsymbol{v}_2)\boldsymbol{e}_n-\rho_0(\boldsymbol{e}_n\cdot\boldsymbol{v}_1)\boldsymbol{v}_2-\rho_0(\boldsymbol{e}_n\cdot\boldsymbol{v}_2)\boldsymbol{v}_1\right]\times\boldsymbol{r}\mathrm{d}S \tag{4.13c}$$

$$\int_V \boldsymbol{r}\times(-\rho_1\boldsymbol{f}_2-\rho_2\boldsymbol{f}_1+\rho_0 q_1\boldsymbol{v}_2+\rho_0 q_2\boldsymbol{v}_1)\mathrm{d}V$$
$$=\oint_S\left[(\beta p_1 p_2+\rho_0\boldsymbol{v}_1\cdot\boldsymbol{v}_2)\boldsymbol{e}_n-\rho_0(\boldsymbol{e}_n\cdot\boldsymbol{v}_1)\boldsymbol{v}_2-\rho_0(\boldsymbol{e}_n\cdot\boldsymbol{v}_2)\boldsymbol{v}_1\right]\times\boldsymbol{r}\mathrm{d}S \tag{4.13d}$$

为明确声场角动量互易方程的物理意义，考虑以下两种情况：

（1）质量源 q_1 和 q_2 为零，强度为 $\boldsymbol{f}_{01}$ 和 $\boldsymbol{f}_{02}$ 的两个点力源分别处于 $\boldsymbol{r}_1$ 和 $\boldsymbol{r}_2$，即

$$\boldsymbol{f}_1(\boldsymbol{r},\omega)=f_{01i}\delta(\boldsymbol{r},\boldsymbol{r}_1)\boldsymbol{e}_{x_i}\,,\quad \boldsymbol{f}_2(\boldsymbol{r},\omega)=f_{02i}\delta(\boldsymbol{r},\boldsymbol{r}_2)\boldsymbol{e}_{x_i}$$

其中，$\boldsymbol{e}_{x_i}\,(i=1,2,3)$ 表示直角坐标系下三个方向的单位矢量。

将点力源与点质量源代入式（4.13d），得到

$$\boldsymbol{r}\times[\rho_1(\boldsymbol{r}_2,\omega)f_{02i}\boldsymbol{e}_{x_i}]=-\boldsymbol{r}\times[\rho_2(\boldsymbol{r}_1,\omega)f_{01i}\boldsymbol{e}_{x_i}]$$

上式左右两端具有角动量变化率（力矩）的单位（N·m），表达的含义为：两个线性声学系统在点力源位置的角动量变化率反应项大小相等，方向相反。

当 $f_{01i}=f_{02i}$ 时，上式简化为

$$\boldsymbol{r}\times[p_1(\boldsymbol{r}_2,\omega)\boldsymbol{e}_{x_i}]=-\boldsymbol{r}\times[p_2(\boldsymbol{r}_1,\omega)\boldsymbol{e}_{x_i}]$$

即位于 $\boldsymbol{r}_1$ 的点力源 $\boldsymbol{f}_1$ 在 $\boldsymbol{r}_2$ 产生的压力矩 $\boldsymbol{r}\times[p_1(\boldsymbol{r}_2,\omega)\boldsymbol{e}_{x_i}]$ 与位于 $\boldsymbol{r}_2$ 的点力源 $\boldsymbol{f}_2$ 在 $\boldsymbol{r}_1$ 产生的压力矩 $\boldsymbol{r}\times[p_2(\boldsymbol{r}_1,\omega)\boldsymbol{e}_{x_i}]$ 大小相等，方向相反。压力矩的单位为N/m。

（2）力源 $\boldsymbol{f}_1$ 和 $\boldsymbol{f}_2$ 为零，强度 q_{01} 和 q_{02} 的两个点质量源分别处于 $\boldsymbol{r}_1$ 和 $\boldsymbol{r}_2$，即

$$q_1(\boldsymbol{r},\omega)=q_{01}\delta(\boldsymbol{r},\boldsymbol{r}_1)\,,\quad q_2(\boldsymbol{r},\omega)=q_{02}\delta(\boldsymbol{r},\boldsymbol{r}_2)$$

将点力源与点质量源代入式（4.13d），得到

$$\boldsymbol{r}\times[\rho_0 q_{02}\boldsymbol{v}_1(\boldsymbol{r}_2,\omega)]=-\boldsymbol{r}\times[\rho_0 q_{01}\boldsymbol{v}_2(\boldsymbol{r}_1,\omega)]$$

上式左右两端具有角动量变化率（或力矩）的量纲，表达的含义为：两个线性声学系统在点质量源位置的角动量变化率反应项（或力矩反应项）大小相等，方向相反。

当 $q_{01}=q_{02}$ 时，上式简化为

$$\boldsymbol{r}\times[\rho_0\boldsymbol{v}_1(\boldsymbol{r}_2,\omega)]=-\boldsymbol{r}\times[\rho_0\boldsymbol{v}_2(\boldsymbol{r}_1,\omega)]$$

即位于 $\boldsymbol{r}_1$ 的点质量源 q_1 在 $\boldsymbol{r}_2$ 产生的角动量体积密度（即单位体积的角动量）与位于 $\boldsymbol{r}_1$ 的点质量源 q_2 在 $\boldsymbol{r}_1$ 产生的角动量体积密度大小相等，方向相反。

若继续简化，约去上式中的 ρ_0，得到

$$\boldsymbol{r}\times\boldsymbol{v}_1(\boldsymbol{r}_2,\omega)=-\boldsymbol{r}\times\boldsymbol{v}_2(\boldsymbol{r}_1,\omega)$$

即位于 $\boldsymbol{r}_1$ 的点质量源 q_1 在 $\boldsymbol{r}_2$ 产生的角动量质量密度（即单位质量的角动量）与位于 $\boldsymbol{r}_1$ 的点质量源 q_2 在 $\boldsymbol{r}_1$ 产生的角动量质量密度大小相等，方向相反。

4.4　另一个声场动量互易方程

在电磁场互易定理的扩展中，我们曾导出两个动量型互易方程，其中一个和电磁场动量守恒方程相关，另外一个看不出明确的物理意义。若将电磁学和声场作类比，两个电磁场动量互易方程类比两个声场动量互易方程，那么在声学中亦可以导出另一个动量互易方程。

式（4.1a）叉乘 $\boldsymbol{v}_2$，有

$$\mathrm{j}\omega\rho_0\boldsymbol{v}_1\times\boldsymbol{v}_2=\rho_0\boldsymbol{f}_1\times\boldsymbol{v}_2-\nabla p_1\times\boldsymbol{v}_2 \qquad (4.14a)$$

交换下角标 1 和 2，有

$$\mathrm{j}\omega\rho_0\boldsymbol{v}_2\times\boldsymbol{v}_1=\rho_0\boldsymbol{f}_2\times\boldsymbol{v}_1-\nabla p_2\times\boldsymbol{v}_1 \qquad (4.14b)$$

式（4.14a）与式（4.14b）相加，有

$$\rho_0\boldsymbol{f}_1\times\boldsymbol{v}_2-\nabla p_1\times\boldsymbol{v}_2+\rho_0\boldsymbol{f}_2\times\boldsymbol{v}_1-\nabla p_2\times\boldsymbol{v}_1=0 \qquad (4.15)$$

利用恒等式

$$\nabla p_1 \times \boldsymbol{v}_2 = \nabla \times (p_1 \boldsymbol{v}_2) - p_1 \nabla \times \boldsymbol{v}_2 = \nabla \times (p_1 \boldsymbol{v}_2)$$
$$\nabla p_2 \times \boldsymbol{v}_1 = \nabla \times (p_2 \boldsymbol{v}_1) - p_2 \nabla \times \boldsymbol{v}_1 = \nabla \times (p_2 \boldsymbol{v}_1)$$

式（4.15）化为

$$\rho_0 \boldsymbol{f}_1 \times \boldsymbol{v}_2 + \rho_0 \boldsymbol{f}_2 \times \boldsymbol{v}_1 = \nabla \times (p_2 \boldsymbol{v}_1 + p_1 \boldsymbol{v}_2) \tag{4.16a}$$

取式（4.16a）的体积分，利用高斯散度定理，有

$$\int_V (\rho_0 \boldsymbol{f}_1 \times \boldsymbol{v}_2 + \rho_0 \boldsymbol{f}_2 \times \boldsymbol{v}_1) \mathrm{d}V = \oint_S [\boldsymbol{e}_n \times (p_2 \boldsymbol{v}_1 + p_1 \boldsymbol{v}_2)] \mathrm{d}S \tag{4.16b}$$

需要指出，在公式推导的过程中并未假定介质均匀，因此式（4.16）适用于非均匀介质。

4.5　非均匀介质声场动量互易方程

我们在 4.1 节导出了均匀介质的声场动量互易方程，本节先概述非均匀介质声场方程（程建春，2020），然后将声场动量互易方程推广到非均匀介质情形。

4.5.1　非均匀介质声场方程

非均匀介质区域的密度、体积压缩系数和声速仍记为 ρ_0 、β 和 c_0 ，它们均是位置 $\boldsymbol{r}$ 的函数，假定它们随空间连续变化。

对于非均匀介质，线性化运动方程和质量守恒方程仍然成立

$$\rho_0 \frac{\partial \boldsymbol{v}}{\partial t} = \rho_0 \boldsymbol{f} - \nabla p \tag{4.17a}$$

$$\frac{\partial \rho}{\partial t} + \nabla \cdot (\rho_0 \boldsymbol{v}) = \rho_0 q \tag{4.17b}$$

但要注意，不可将 ρ_0 从散度运算符中提出。

由状态方程 $p = p(\rho, s)$ ，对时间求全导数，有

$$\frac{\mathrm{d}p}{\mathrm{d}t} = \left(\frac{\partial p}{\partial \rho}\right)_s \frac{\mathrm{d}\rho}{\mathrm{d}t} + \left(\frac{\partial p}{\partial s}\right)_\rho \frac{\mathrm{d}s}{\mathrm{d}t}$$

在准静态条件下，理想流体在运动中保持流体元的熵不随时间变化，是一个等熵过程，即 $\frac{\mathrm{d}s}{\mathrm{d}t}=0$，代入上式，有

$$\frac{\mathrm{d}p}{\mathrm{d}t}=\left(\frac{\partial p}{\partial \rho}\right)_s\frac{\mathrm{d}\rho}{\mathrm{d}t}=c_0^2\frac{\mathrm{d}\rho}{\mathrm{d}t}=c_0^2\left(\frac{\partial \rho}{\partial t}+\boldsymbol{v}\cdot\nabla\rho_0\right) \tag{4.17c}$$

将式（4.17c）代入式（4.17b），并利用 $\beta=1/(\rho_0c_0^2)$，有

$$\beta\frac{\partial p}{\partial t}+\nabla\cdot\boldsymbol{v}=q \tag{4.17d}$$

比较非均匀介质中声场方程与均匀介质中的声场方程可知，除了物质方程不同外，其他方程形式是一样的，再次强调，对于非均匀介质，式（4.17b）中等式左端第二项 ρ_0 必须保留在散度运算符之内。

4.5.2　非均匀介质声场动量互易方程导出

在频域，考虑两组声场，用下角标 1 和 2 表示，声场方程仍为式（4.1）。式（4.1a）乘 βp_2，亦即 $p_2/(\rho_0c_0^2)$，式（4.1b）乘 $\rho_0\boldsymbol{v}_1$，有

$$\mathrm{j}\omega\frac{1}{c_0^2}\boldsymbol{v}_1p_2=\frac{1}{c_0^2}\boldsymbol{f}_1p_2-\beta p_2\nabla p_1 \tag{4.18a}$$

$$\mathrm{j}\omega\frac{1}{c_0^2}\boldsymbol{v}_1p_2=-\boldsymbol{v}_1\rho_0\nabla\cdot\boldsymbol{v}_2+\rho_0q_2\boldsymbol{v}_1 \tag{4.18b}$$

由式（4.18）可得

$$-\frac{1}{c_0^2}\boldsymbol{f}_1p_2+\rho_0q_2\boldsymbol{v}_1=\boldsymbol{v}_1\rho_0\nabla\cdot\boldsymbol{v}_2-\beta p_2\nabla p_1 \tag{4.19a}$$

交换下角标 1 和 2，有

$$-\frac{1}{c_0^2}\boldsymbol{f}_2p_1+\rho_0q_1\boldsymbol{v}_2=\boldsymbol{v}_2\rho_0\nabla\cdot\boldsymbol{v}_1-\beta p_1\nabla p_2 \tag{4.19b}$$

式（4.19a）与式（4.19b）相加，有

$$-\frac{1}{c_0^2}\boldsymbol{f}_1 p_2-\frac{1}{c_0^2}\boldsymbol{f}_2 p_1+\rho_0 q_2\boldsymbol{v}_1+\rho_0 q_1\boldsymbol{v}_2 \\ =\rho_0\boldsymbol{v}_1\nabla\cdot\boldsymbol{v}_2+\rho_0\boldsymbol{v}_2\nabla\cdot\boldsymbol{v}_1-\beta\nabla\left(p_1 p_2\right) \tag{4.20}$$

式（4.20）中

$$-\beta\nabla\left(p_1 p_2\right)=\left(\nabla\beta\right)p_1 p_2-\nabla\left(\beta p_1 p_2\right) \\ =\left(\nabla\beta\right)p_1 p_2-\nabla\cdot\left(\beta p_1 p_2\boldsymbol{I}\right) \tag{4.21}$$

由附录公式（B2）

$$\nabla\cdot\left(\boldsymbol{A}_2\cdot\boldsymbol{B}_1\boldsymbol{I}-\boldsymbol{A}_2\boldsymbol{B}_1-\boldsymbol{A}_1\boldsymbol{B}_2\right)=\boldsymbol{B}_2\times\nabla\times\boldsymbol{A}_1+\boldsymbol{B}_1\times\nabla\times\boldsymbol{A}_2 \\ -\left(\nabla\cdot\boldsymbol{B}_2\right)\boldsymbol{A}_1-\left(\nabla\cdot\boldsymbol{B}_1\right)\boldsymbol{A}_2+\nabla\alpha\left(\boldsymbol{A}_1\cdot\boldsymbol{A}_2\right)$$

式中，$\boldsymbol{B}_1=\alpha\boldsymbol{A}_1$，$\boldsymbol{B}_2=\alpha\boldsymbol{A}_2$。取 $\alpha=\rho_0$，$\boldsymbol{A}_1=\boldsymbol{v}_1$，$\boldsymbol{A}_2=\boldsymbol{v}_2$，利用式（4.1c）和式（4.1d），有

$$\nabla\cdot\left(\rho_0\boldsymbol{v}_2\cdot\boldsymbol{v}_1\boldsymbol{I}-\rho_0\boldsymbol{v}_2\boldsymbol{v}_1-\rho_0\boldsymbol{v}_1\boldsymbol{v}_2\right) \\ =-\nabla\cdot(\rho_0\boldsymbol{v}_2)\boldsymbol{v}_1-\nabla\cdot(\rho_0\boldsymbol{v}_1)\boldsymbol{v}_2+\nabla\rho_0\left(\boldsymbol{v}_1\cdot\boldsymbol{v}_2\right) \tag{4.22}$$

将式（4.21）和式（4.22）代入式（4.20），得到

$$-\frac{1}{c_0^2}\boldsymbol{f}_1 p_2-\frac{1}{c_0^2}\boldsymbol{f}_2 p_1+\rho_0 q_2\boldsymbol{v}_1+\rho_0 q_1\boldsymbol{v}_2 \\ -\nabla\rho_0\cdot(\boldsymbol{v}_1\cdot\boldsymbol{v}_2\boldsymbol{I}-\boldsymbol{v}_1\boldsymbol{v}_2-\boldsymbol{v}_2\boldsymbol{v}_1)-(\nabla\beta)p_1 p_2 \\ =-\nabla\cdot[(\beta p_1 p_2+\rho_0\boldsymbol{v}_1\cdot\boldsymbol{v}_2)\boldsymbol{I}-\rho_0\boldsymbol{v}_1\boldsymbol{v}_2-\rho_0\boldsymbol{v}_2\boldsymbol{v}_1] \tag{4.23a}$$

取式（4.23a）的体积分，利用高斯散度定理，有

$$\int_V\left[-\frac{1}{c_0^2}\boldsymbol{f}_1 p_2-\frac{1}{c_0^2}\boldsymbol{f}_2 p_1+\rho_0 q_2\boldsymbol{v}_1+\rho_0 q_1\boldsymbol{v}_2\right. \\ \left.-\nabla\rho_0\cdot(\boldsymbol{v}_1\cdot\boldsymbol{v}_2\boldsymbol{I}-\boldsymbol{v}_1\boldsymbol{v}_2-\boldsymbol{v}_2\boldsymbol{v}_1)-(\nabla\beta)p_1 p_2\right]\mathrm{d}V \\ =-\oint_S\left[(\beta p_1 p_2+\rho_0\boldsymbol{v}_1\cdot\boldsymbol{v}_2)\boldsymbol{e}_n-\rho_0(\boldsymbol{e}_n\cdot\boldsymbol{v}_1)\boldsymbol{v}_2-\rho_0(\boldsymbol{e}_n\cdot\boldsymbol{v}_2)\boldsymbol{v}_1\right]\mathrm{d}S \tag{4.23b}$$

式（4.23）就是非均匀介质声场动量互易方程。对于均匀介质，$\nabla\rho_0$ 和 $\nabla\beta$ 等于零，式（4.23）退化为式（4.6）。

习　题

4.1　试导出"频域声场角动量互易方程"，即式（4.13a）对应的"频域声场互角动量方程"

$$\begin{aligned}&\boldsymbol{r}\times\left(-\frac{p_1^*}{c_0^2}\boldsymbol{f}_2-\frac{p_2}{c_0^2}\boldsymbol{f}_1^*-\rho_0 q_1^*\boldsymbol{v}_2-\rho_0 q_2\boldsymbol{v}_1^*\right)\\&=\nabla\cdot\{[(\beta p_1^* p_2-\rho_0\boldsymbol{v}_1^*\cdot\boldsymbol{v}_2)\boldsymbol{I}+\rho_0\boldsymbol{v}_1^*\boldsymbol{v}_2+\rho_0\boldsymbol{v}_2\boldsymbol{v}_1^*]\times\boldsymbol{r}\}\end{aligned}\tag{4.24}$$

式中，$\boldsymbol{f}$、q、$\boldsymbol{v}$ 和 p 均为相量。

4.2　试导出"另一个声场动量互易方程"，即式（4.16a）对应的"另一个声场互动量方程"

$$\rho_0\boldsymbol{f}_1^*\times\boldsymbol{v}_2-\rho_0\boldsymbol{f}_2\times\boldsymbol{v}_1^*=\nabla\times(p_1^*\boldsymbol{v}_2-p_2\boldsymbol{v}_1^*)\tag{4.25}$$

式中，$\boldsymbol{f}$、q、$\boldsymbol{v}$ 和 p 均为相量。

4.3　试导出时域动量互易方程

$$\begin{aligned}&-\frac{1}{c_0^2}\boldsymbol{f}_1\circledcirc p_2-\frac{1}{c_0^2}\boldsymbol{f}_2\circledcirc p_1+\rho_0 q_2\circledcirc\boldsymbol{v}_1+\rho_0 q_1\circledcirc\boldsymbol{v}_2\\&=-\nabla\cdot\left[\left(\beta p_1\circledcirc p_2+\rho_0\boldsymbol{v}_1\odot\boldsymbol{v}_2\right)\boldsymbol{I}-\rho_0\boldsymbol{v}_1\circledcirc\boldsymbol{v}_2-\rho_0\boldsymbol{v}_2\circledcirc\boldsymbol{v}_1\right]\end{aligned}\tag{4.26}$$

4.4　试导出时域角动量互易方程

$$\begin{aligned}&\boldsymbol{r}\times\left(-\frac{1}{c_0^2}p_1\circledcirc\boldsymbol{f}_2-\frac{1}{c_0^2}p_2\circledcirc\boldsymbol{f}_1+\rho_0 q_1\circledcirc\boldsymbol{v}_2+\rho_0 q_2\circledcirc\boldsymbol{v}_1\right)\\&=\nabla\cdot\left[\left(\beta p_1\circledcirc p_2+\rho_0\boldsymbol{v}_1\odot\boldsymbol{v}_2\right)\boldsymbol{I}-\rho_0\boldsymbol{v}_1\circledcirc\boldsymbol{v}_2-\rho_0\boldsymbol{v}_2\circledcirc\boldsymbol{v}_1\right]\times\boldsymbol{r}\end{aligned}\tag{4.27}$$

4.5　试导出非均匀介质声场动量互易方程式（4.23a）的等价公式

$$\begin{aligned}&-\frac{1}{c_0^2}\boldsymbol{f}_1 p_2-\frac{1}{c_0^2}\boldsymbol{f}_2 p_1+\rho_0 q_2\boldsymbol{v}_1+\rho_0 q_1\boldsymbol{v}_2+\rho_0\nabla\left(\boldsymbol{v}_1\cdot\boldsymbol{v}_2\right)\\&+\beta\nabla\left(p_1 p_2\right)-\rho_0\nabla\cdot\left(\boldsymbol{v}_1\boldsymbol{v}_2+\boldsymbol{v}_2\boldsymbol{v}_1\right)=0\end{aligned}\tag{4.28}$$

第 5 章　相对论流体力学与声场能–动量守恒方程

在相对论流体力学和相对论流体声学理论框架下，可以得到相对论流体声场能-动量守恒方程。本章以此为出发点，导出经典流体声场能-动量守恒方程，在此基础上，将频域瑞利声场互易方程和动量互易方程统一起来，导出声场能-动量互易方程。

5.1　概　　述

相对论流体力学和天体物理学、宇宙学等学科关系密切，由于等离子体物理和核物理发展的需要，相关研究取得了重要进展。本章讨论相对论流体力学的目的却不在于此，而是以相对论下的流体力学和声学为桥梁，主要目的是导出理想流体中的声场能-动量互易方程。

经典牛顿力学是对相对论力学的低速近似，经典声学是相对论声学的低速近似，经典声场能-动量张量则是相对论声场能-动量张量的低速近似。而流体声场是流体力学的小振幅近似，第 2 章已经概述了由经典流体方程到声场方程的导出过程，本章遵循类似的思路，概述在小振幅近似下由相对论流体力学到相对论声场的导出过程。

5.2 节重点概述相对论流体力学、非相对论二阶低速近似流体力学和经典流体力学的能-动量张量，5.3 节重点讨论相对论流体声学、非相对论二阶低速近似流体声学和经典流体声学的能-动量张量。其中 5.3.1 节的前半部分，讨论了由相对论流体力学能-动量张量取小振幅近似导出相对论一阶声场能-动量张量的过程。5.2 节和 5.3.1 节相关内容重点参考了福克、朗道等、李大潜等和是长春的著作（福克，1995；朗道等，2020；李大潜等，2005；是长春，1992）。

5.3.1 节的后半部分至 5.8 节，是我们的研究工作。

如前所述，相对论流体力学方程取小振幅近似，若取一阶量，可以得到相对论一阶声场能-动量张量。若取二阶量，则可以得到相对论二阶声场能-动量张量，此内容详见 5.3.1 节中后半部分。随后，5.3.2 节和 5.3.3 节分别导出了非相对论声场和经典流体声场的一阶和二阶声场能-动量张量。

为了在互易方程中反映声源声场相互作用，5.4 节给出了相对论流体力学的四维源矢量与经典流体声学四维源矢量。

在有源情况下，5.5 节和 5.6 节分别讨论了流体力学守恒方程和经典流体声场能-动量守恒方程。

至此，导出声场能-动量互易方程的所有基础知识已经全部具备。接下来，5.7 节利用二阶声场能-动量守恒方程，采用合成场方法，建立了声场互能-动量方程，5.8 节通过共轭变换方法从声场互能-动量方程导出了声场能-动量互易方程。

本章涉及了流体力学和声学两个相互联系的学科分支，在每个学科分支中涉及相对论、非相对论近似、经典流体三种情况。在声学中，涉及一阶和二阶两个近似，常用的物理量包括能-动量能量、能量密度、能流密度、动量流密度等，为了便于区分，做如下符号约定：

对于流体力学和声学两个分支，力学量不用下角标，而声学量用下角标 a 表示；对于经典流体、非相对论近似和相对论三种情况，经典流体物理量不用下角标，而非相对论近似物理量和相对论物理量分别用下角标 L 和 r 表示；对于声学一阶物理量和二阶物理量，分别用下角标 1 和 2 表示。若涉及以上的组合情况，则用下角标组合予以区分。

能-动量张量相关物理量符号如表 5.1 所示。

表 5.1　能-动量张量相关物理量

	能-动量张量	能量密度	能流密度	动量密度	动量流密度
相对论流体力学	T_r	w_r	$\boldsymbol{S}_r$	$\boldsymbol{g}_r$	$\boldsymbol{T}_r$
非相对论近似流体力学	T_L	w_L	$\boldsymbol{S}_L$	$\boldsymbol{g}_L$	$\boldsymbol{T}_L$
经典流体力学	T	w	$\boldsymbol{S}$	$\boldsymbol{g}$	$\boldsymbol{T}$
相对论一阶声场	T_{ra1}	w_{ra1}	$\boldsymbol{S}_{ra1}$	$\boldsymbol{g}_{ra1}$	$\boldsymbol{T}_{ra1}$
相对论二阶声场	T_{ra2}	w_{ra2}	$\boldsymbol{S}_{ra2}$	$\boldsymbol{g}_{ra2}$	$\boldsymbol{T}_{ra2}$
非相对论一阶声场	T_{La1}	w_{La1}	$\boldsymbol{S}_{La1}$	$\boldsymbol{g}_{La1}$	$\boldsymbol{T}_{La1}$
非相对论二阶声场	T_{La2}	w_{La2}	$\boldsymbol{S}_{La2}$	$\boldsymbol{g}_{La2}$	$\boldsymbol{T}_{ra2}$
经典一阶声场	T_{a1}	w_{a1}	$\boldsymbol{S}_{a1}$	$\boldsymbol{g}_{a1}$	$\boldsymbol{T}_{a1}$
经典二阶声场	T_{a2}	w_{a2}	$\boldsymbol{S}_{a2}$	$\boldsymbol{g}_{a2}$	$\boldsymbol{T}_{a2}$

5.2　流体力学能-动量张量

5.2.1　相对论流体力学能-动量张量

考虑两个参考系，一个是实验室参考系Σ，另一个是伴随参考系，或称为局部静止参考系$\overline{\Sigma}$，也称为局部固有参考系。

若瞬时给定的流体微元以速度$\boldsymbol{v}$对实验室参考系做相对运动，而该微元相对于伴随参考系静止。

定义四维速度U，其分量为

$$U^0=\gamma，\ U^i=\frac{\gamma v_i}{c}，\ U_0=\gamma，\ U_i=-\frac{\gamma v_i}{c} \tag{5.1}$$

式中，c为真空中光速，且有

$$\gamma=\frac{1}{\sqrt{1-v^2/c^2}} \tag{5.2}$$

在局部静止参考系$\overline{\Sigma}$中，能-动量张量为

$$\overline{T}_r^{\mu\nu}=\begin{bmatrix} e & 0 & 0 & 0 \\ 0 & p & 0 & 0 \\ 0 & 0 & p & 0 \\ 0 & 0 & 0 & p \end{bmatrix} \tag{5.3}$$

式中，e 为固有能量密度，p 为压强。

$\overline{T}_r^{\mu\nu}$ 中各元素为

$$\overline{T}_r^{00}=e\,,\quad \overline{T}_r^{i0}=\overline{T}_r^{0i}=0\,,\quad \overline{T}_r^{ij}=p\delta_{ij} \tag{5.4}$$

在局部静止参考系中，$\boldsymbol{v}=0$，则四维速度

$$U^0=1\,,\quad U^i=0 \tag{5.5}$$

在实验室参考系 Σ 中，将式（5.4）写成

$$T_r^{\mu\nu}=hU^{\mu}U^{\nu}-p\eta^{\mu\nu} \tag{5.6}$$

式中，$h=e+p$ 为体积焓，$\eta^{\mu\nu}$ 为度规张量，表示为

$$\eta^{\mu\nu}=\begin{bmatrix} 1 & 0 & 0 & 0 \\ 0 & -1 & 0 & 0 \\ 0 & 0 & -1 & 0 \\ 0 & 0 & 0 & -1 \end{bmatrix} \tag{5.7}$$

在实验室参考系 Σ 下，相对论流体力学能-动量张量各分量为

$$T_r^{00}=hU^0U^0-p=\frac{h}{1-v^2/c^2}-p \tag{5.8a}$$

$$T_r^{0i}=hU^0U^i=\frac{hv_i}{c\left(1-v^2/c^2\right)} \tag{5.8b}$$

$$T_r^{ij}=hU^iU^i-p\eta^{ij}=\frac{hv_iv_j}{c^2\left(1-v^2/c^2\right)}+p\delta_{ij} \tag{5.8c}$$

写成矩阵形式

$$T_r=\begin{bmatrix} w_r & \dfrac{1}{c}\boldsymbol{S}_r \\ c\boldsymbol{g}_r & \boldsymbol{T}_r \end{bmatrix}=\begin{bmatrix} \dfrac{h}{1-v^2/c^2}-p & \dfrac{h\boldsymbol{v}}{c\left(1-v^2/c^2\right)} \\ \dfrac{h\boldsymbol{v}}{c\left(1-v^2/c^2\right)} & \dfrac{h\boldsymbol{v}\boldsymbol{v}}{c^2\left(1-v^2/c^2\right)}+p\boldsymbol{I} \end{bmatrix} \tag{5.9}$$

式中，能量密度、能流密度、动量密度和动量流密度为

$$w_r = T^{00}\text{，}\quad S_r^i = cT^{0i}\text{，}\quad g_r^i = T_r^{0i}/c\text{，}$$

$$T_r^{ij} = hU^iU^j - p\eta^{ij} = \frac{h}{c^2\left(1-v^2/c^2\right)}v_iv_j + p\delta_{ij} \tag{5.10}$$

相对论流体力学能-动量守恒方程为

$$\partial_\nu T_r^{\mu\nu} = \frac{\partial T_r^{\mu\nu}}{\partial x^\nu} = 0 \tag{5.11}$$

上式左端为二阶逆变张量的协变散度，因而是一个一阶逆变矢量。因此，只要式（5.11）在一个惯性参考系中成立，它在任何一个惯性系中成立。将其展开成

$$\partial_\nu(hU^\mu U^\nu - p\eta^{\mu\nu}) = 0 \tag{5.12}$$

进一步

$$U^\mu\partial_\nu\left(hU^\nu\right) + hU^\nu\partial_\nu U^\mu - \partial^\mu p = 0 \tag{5.13}$$

令

$$Q = \partial_\nu(hU^\nu) \tag{5.14}$$

$$a^\mu = U^\nu\partial_\nu U^\mu = \frac{\gamma}{c}\frac{\mathrm{d}U^\mu}{\mathrm{d}t} \tag{5.15}$$

式中，a^μ为四维加速度。

式（5.13）简写为

$$QU^\mu + ha^\mu - \frac{\partial p}{\partial x_\mu} = 0 \tag{5.16}$$

式（5.16）两边乘U_μ，利用

$$U_\mu U^\mu = 1 \tag{5.17}$$

$$U_\mu a^\mu = 0 \tag{5.18}$$

得到Q的第二个表达式

$$Q = U_\mu\frac{\partial p}{\partial x_\mu} = \frac{\gamma}{c}\frac{\partial p}{\partial t} + \frac{\gamma}{c}v_k\frac{\partial p}{\partial x_k} = \frac{\gamma}{c}\frac{\mathrm{d}p}{\mathrm{d}t} \tag{5.19}$$

因此，有

$$\frac{\gamma}{c}\frac{\mathrm{d}p}{\mathrm{d}t}U^{\mu}+ha^{\mu}-\frac{\partial p}{\partial x_{\mu}}=0 \tag{5.20}$$

令

$$\mu^{*}=\rho^{*}\left(1+\frac{u}{c^{2}}\right)=\frac{1}{c^{2}}\left(\rho^{*}c^{2}+\rho^{*}u\right)=\frac{e}{c^{2}} \tag{5.21}$$

式中，μ^{*}为局部静止参考系$\bar{\Sigma}$中总的静止质量密度，ρ^{*}为在运动时不变的那一部分静止质量的密度，u为单位质量的内能。

在实验室参考系Σ中，质量密度

$$\rho=\rho^{*}\gamma=\frac{\rho^{*}}{\sqrt{1-v^{2}/c^{2}}} \tag{5.22}$$

因此固有能量密度为

$$e=\mu^{*}c^{2}=\rho^{*}c^{2}+\rho^{*}u=\frac{\rho}{\gamma}c^{2}+\frac{\rho}{\gamma}u \tag{5.23}$$

将式（5.23）代入式（5.6），相对论流体力学能-动量张量化为

$$T_{r}^{\mu\nu}=\left(\frac{\rho}{\gamma}c^{2}+\frac{\rho U}{\gamma}+p\right)U^{\mu}U^{\nu}-p\eta^{\mu\nu} \tag{5.24}$$

为了便于取非相对论近似，将U^{μ}和U^{ν}中γ提出来，引入矢量V，令

$$U=\gamma V \tag{5.25}$$

于是，相对论流体力学能-动量张量可写为

$$T_{r}^{\mu\nu}=(\rho c^{2}\gamma+\rho u\gamma+p\gamma^{2})V^{\mu}V^{\nu}-p\eta^{\mu\nu} \tag{5.26}$$

利用式（5.23），可将体积焓写为$h=\mu^{*}c^{2}+p$，代入式（5.20），得到

$$\frac{\gamma}{c}\frac{\mathrm{d}p}{\mathrm{d}t}U^{\mu}+\left(\mu^{*}c^{2}+p\right)a^{\mu}-\frac{\partial p}{\partial x_{\mu}}=0 \tag{5.27}$$

Q的两个表达式等价，即式（5.14）和式（5.19）等价，有

$$\frac{\partial}{\partial x^{\nu}}[(e+p)U^{\nu}]=U_{\mu}\frac{\partial p}{\partial x_{\mu}}$$

展开后

$$(e+p)\frac{\partial U^{\nu}}{\partial x^{\nu}}+U^{\nu}\frac{\partial}{\partial x^{\nu}}(e+p)=U_{\mu}\frac{\partial p}{\partial x_{\mu}} \tag{5.28}$$

式（5.28）两边除以c^2，并利用式（5.23）和

$$U^{\nu}\frac{\partial p}{\partial x^{\nu}}=U_{\mu}\frac{\partial p}{\partial x_{\mu}} \tag{5.29}$$

得到

$$\left(\mu^{*}+\frac{p}{c^{2}}\right)\frac{\partial U^{\nu}}{\partial x^{\nu}}+U^{\nu}\frac{\partial \mu^{*}}{\partial x^{\nu}}=0 \tag{5.30}$$

若取

$$\mu^{*}\Big|_{p=0}=\rho^{*} \tag{5.31}$$

则有

$$\rho^{*}\frac{\partial U^{\nu}}{\partial x^{\nu}}+U^{\nu}\frac{\partial \rho^{*}}{\partial x^{\nu}}=0 \tag{5.32}$$

即

$$\frac{\partial}{\partial x^{\nu}}(\rho^{*}U^{\nu})=0 \tag{5.33}$$

写成三维形式，有

$$\frac{\partial \rho}{\partial t}+\nabla\cdot(\rho\boldsymbol{v})=0 \tag{5.34}$$

这正是连续性方程。

5.2.2　非相对论流体力学能–动量张量

在非相对论近似条件下，当$v \ll c$时，若保留相对于主要项的数量级为$1/c^2$的二阶修正项，则有

$$\rho\gamma=\rho\frac{1}{\sqrt{1-v^{2}/c^{2}}}=\rho+\frac{\rho v^{2}}{2c^{2}} \tag{5.35a}$$

$$\left(\mu^{*}+\frac{p}{c^{2}}\right)\gamma^{2}=\rho\gamma\left(1+\frac{u}{c^{2}}\right)+\frac{p}{c^{2}}\gamma^{2}\approx\rho \tag{5.35b}$$

取式（5.27）的空间分量

$$\frac{\gamma^2}{c^2}v_k\frac{\mathrm{d}p}{\mathrm{d}t}+\left(\mu^*+\frac{p}{c^2}\right)\gamma^2\frac{\mathrm{d}v_k}{\mathrm{d}t}-\frac{\partial p}{\partial x_k}=0 \tag{5.36}$$

式（5.36）则化为经典流体力学的运动方程

$$\rho\frac{\mathrm{d}\boldsymbol{v}}{\mathrm{d}t}+\nabla p=0 \tag{5.37}$$

这说明式（5.37）是经典流体力学运动方程的推广。

为叙述方便，在非相对论二阶近似下的流体力学能-动量张量简称为“非相对论流体力学能-动量张量”，有

$$\begin{aligned}T_L^{\mu\nu}&=(\rho c^2+\frac{1}{2}\rho v^2+\rho u+p)V^\mu V^\nu-p\eta^{\mu\nu}\\&=(\rho c^2+w+p)V^\mu V^\nu-p\eta^{\mu\nu}\end{aligned} \tag{5.38}$$

式中，w 为经典流体力学的能量密度，其表达式和式（2.22）是一致的，即

$$w=\rho\varepsilon=\rho u+\frac{1}{2}\rho v^2 \tag{5.39}$$

其中，ε 为单位质量流体的能量，包括内能和宏观动能。

在非相对论流体力学能-动量张量 $T_L^{\mu\nu}$ 中，能量密度、动量密度、能流密度和动量流密度分别为

$$w_L=\rho c^2+w\,,\quad S_L^i=cT_L^{0i}=\rho c^2v_i+S^i\,,\quad g_L^i=T_L^{0i}/c=g^i+\frac{S^i}{c^2}\,,$$

$$T_L^{ij}=T^{ij}+\frac{1}{c^2}(w+p)v_iv_j \tag{5.40}$$

式中，S^i、g^i 和 T^{ij} 分别为经典流体力学的能流密度、动量密度和动量流密度，有

$$S^i=(w+p)v_i\,,\quad g^i=\rho v_i\,,\quad T^{ij}=\rho v_iv_j+p\delta_{ij} \tag{5.41}$$

将 T_L 写成矩阵形式

$$T_L = \begin{bmatrix} w_L & \frac{1}{c}\boldsymbol{S}_L \\ c\boldsymbol{g}_L & \boldsymbol{T}_L \end{bmatrix} = \begin{bmatrix} \rho c^2 + w & \frac{1}{c}(\rho c^2 \boldsymbol{v} + \boldsymbol{S}) \\ c\left(\boldsymbol{g} + \frac{\boldsymbol{S}}{c^2}\right) & \boldsymbol{T} + \frac{\boldsymbol{S}\boldsymbol{v}}{c^2} \end{bmatrix} \tag{5.42}$$

式中

$$\boldsymbol{S} = (w+p)\boldsymbol{v}, \quad \boldsymbol{g} = \rho\boldsymbol{v}, \quad \boldsymbol{T} = \rho\boldsymbol{v}\boldsymbol{v} + p\boldsymbol{I} \tag{5.43}$$

$T_L^{\mu\nu}$ 为对称张量，有

$$c\boldsymbol{g}_L = \frac{1}{c}\boldsymbol{S}_L \text{　或　} \boldsymbol{g}_L = \frac{1}{c^2}\boldsymbol{S}_L \tag{5.44}$$

式（5.34）对应的质量张量

$$\frac{1}{c^2}T_L = \begin{bmatrix} \rho + \frac{w}{c^2} & \frac{1}{c}\left(\boldsymbol{g} + \frac{\boldsymbol{S}}{c^2}\right) \\ c\left(\frac{\boldsymbol{g}}{c^2} + \frac{\boldsymbol{S}}{c^4}\right) & \frac{\boldsymbol{T}}{c^2} + \frac{\boldsymbol{S}\boldsymbol{v}}{c^4} \end{bmatrix} \tag{5.45}$$

在非相对论近似下，经典流体力学的能量密度和能流密度中分别增加了静止能量密度 ρc^2 和相应的能流密度 $\rho c^2\boldsymbol{v}$，而动量密度和动量流密度中保留了相对于主要项的数量级为 $1/c^2$ 的项，也就是说 $\boldsymbol{S}/c^2$ 和 $\boldsymbol{S}\boldsymbol{v}/c^2$ 分别是经典流体力学的动量密度和动量流密度的二阶修正量。$\boldsymbol{S}/c^2$ 的存在保证了非相对论流体力学能-动量张量 $T_L^{\mu\nu}$ 的对称性。

5.2.3　经典流体力学能-动量张量

略去式（5.42）中动量密度和动量流密度中的二阶修正量后，将所得能-动量张量分为两项，有

$$T_L = \begin{bmatrix} \rho c^2 + w & \frac{1}{c}(\rho c^2 \boldsymbol{v} + \boldsymbol{S}) \\ c\boldsymbol{g} & \boldsymbol{T} \end{bmatrix} = \begin{bmatrix} w & \frac{1}{c}\boldsymbol{S} \\ c\boldsymbol{g} & \boldsymbol{T} \end{bmatrix} + \begin{bmatrix} \rho c^2 & \frac{1}{c}(\rho c^2\boldsymbol{v}) \\ 0 & 0 \end{bmatrix} \tag{5.46}$$

将式（5.46）代入能-动量守恒方程 $\partial_\nu T_L^{\mu\nu} = 0$ 并取出各分量，有

$$\frac{\partial w}{\partial t}+\nabla\cdot\boldsymbol{S}+\frac{\partial}{\partial t}(\rho c^2)+\nabla\cdot(\rho c^2\boldsymbol{v})=0 \tag{5.47}$$

$$\frac{\partial \boldsymbol{g}}{\partial t}+\nabla\cdot\boldsymbol{T}=0 \tag{5.48}$$

式（5.47）可分解为

$$\frac{\partial w}{\partial t}+\nabla\cdot\boldsymbol{S}=0 \tag{5.49}$$

$$\frac{\partial \rho}{\partial t}+\nabla\cdot(\rho\boldsymbol{v})=0 \tag{5.50}$$

式（5.48）~（5.50）正是经典流体力学中的动量守恒方程、能量守恒方程和质量守恒方程。

将式（5.46）中右端第一项记为

$$T=\begin{bmatrix} w & \frac{1}{c}\boldsymbol{S} \\ c\boldsymbol{g} & \boldsymbol{T} \end{bmatrix}=\begin{bmatrix} \rho\varepsilon & \frac{1}{c}(\rho\boldsymbol{v}+w\boldsymbol{v}) \\ c\rho\boldsymbol{v} & \rho\boldsymbol{v}\boldsymbol{v}+p\boldsymbol{I} \end{bmatrix} \tag{5.51}$$

由于经典流体力学中不包含静止能量及相关能流项，动量密度中又略去了二阶修正量 $\boldsymbol{S}/c^2$ ，于是有

$$c\boldsymbol{g}\neq\frac{1}{c}\boldsymbol{S} \tag{5.52a}$$

$$\frac{1}{c}(\rho\varepsilon\boldsymbol{v}+p\boldsymbol{v})\neq c\rho\boldsymbol{v} \tag{5.52b}$$

式（5.52）表明，经典流体力学的能-动量张量并非对称张量。

5.3 声场能-动量张量

5.3.1 相对论声场能-动量张量

若考虑相对论流体介质中声波的传播，直接从相对论流体力学能-动量守恒方程式（5.11）出发做线性化比较方便。

将式（5.9）代入式（5.11），有

$$\frac{\partial}{\partial t}\left(\frac{h}{1-v^2/c^2}-p\right)+\nabla\cdot\left(\frac{h\boldsymbol{v}}{1-v^2/c^2}\right)=0 \tag{5.53a}$$

$$\frac{\partial}{\partial t}\left[\frac{h\boldsymbol{v}}{c^2(1-v^2/c^2)}\right]+\nabla\cdot\left[\frac{h\boldsymbol{v}\boldsymbol{v}}{c^2(1-v^2/c^2)}+p\boldsymbol{I}\right]=0 \tag{5.53b}$$

假定流体质点偏移平衡位置的幅度很小，令

$$\begin{cases}\rho=\rho_0+\rho_1+\rho_2+\cdots\\ p=p_0+p_1+p_2+\cdots\\ \boldsymbol{v}=\boldsymbol{v}_0+\boldsymbol{v}_1+\cdots\end{cases} \tag{5.54}$$

式中，若不考虑运动流体，则有 $\boldsymbol{v}_0=0$ 。

相对论一阶声场能-动量张量

将式（5.54）代入式（5.53），取声场振幅的一阶量，得到相对论一阶声场能-动量守恒方程

$$\frac{\partial e_1}{\partial t}+(e_0+p_0)\nabla\cdot\boldsymbol{v}_1=0 \tag{5.55a}$$

$$\frac{e_0+p_0}{c^2}\frac{\partial\boldsymbol{v}_1}{\partial t}+\nabla p_1=0 \tag{5.55b}$$

于是，相对论一阶声场能-动量张量，其能量密度、能流密度、动量密度和动量流密度为

$$w_{ra1}=e_1,\quad \boldsymbol{S}_{ra1}=(e_0+p_0)\boldsymbol{v}_1,\quad \boldsymbol{g}_{ra1}=\frac{e_0+p_0}{c^2}\boldsymbol{v}_1,\quad \boldsymbol{T}_{ra1}=p_1\boldsymbol{I} \tag{5.56}$$

写成矩阵形式，相对论一阶声场能-动量张量为

$$T_{ra1}=\begin{bmatrix} e_1 & \dfrac{1}{c}[(e_0+p_0)\boldsymbol{v}_1] \\ c\left(\dfrac{e_0+p_0}{c^2}\boldsymbol{v}_1\right) & p_1\boldsymbol{I}\end{bmatrix} \tag{5.57}$$

相对论二阶声场能-动量张量

取声场振幅的二阶量，得到相对论二阶声场能-动量守恒方程

$$\frac{\partial e_2}{\partial t}+\nabla\cdot(e_1\boldsymbol{v}_1+p_1\boldsymbol{v}_1)=0 \tag{5.58a}$$

$$\frac{1}{c^2}\frac{\partial}{\partial t}(e_1\boldsymbol{v}_1+p_1\boldsymbol{v}_1)+\nabla\cdot\left(\frac{e_0+p_0}{c^2}\boldsymbol{v}_1\boldsymbol{v}_1+p_2\boldsymbol{I}\right)=0 \tag{5.58b}$$

于是，相对论二阶声场能-动量张量，其能量密度、能流密度、动量密度和动量流密度为

$$w_{ra2}=e_2\text{，}\quad \boldsymbol{S}_{ra2}=(e_1+p_1)\boldsymbol{v}_1\text{，}\quad \boldsymbol{g}_{ra2}=\frac{e_1+p_1}{c^2}\boldsymbol{v}_1\text{，}$$

$$\boldsymbol{T}_{ra2}=\frac{e_0+p_0}{c^2}\boldsymbol{v}_1\boldsymbol{v}_1+p_2\boldsymbol{I} \tag{5.59}$$

写成矩阵形式，相对论二阶声场能-动量张量为

$$T_{ra2}=\begin{bmatrix} e_2 & \dfrac{1}{c}[(e_1+p_1)\boldsymbol{v}_1] \\ c\left(\dfrac{e_1+p_1}{c^2}\boldsymbol{v}_1\right) & \dfrac{e_0+p_0}{c^2}\boldsymbol{v}_1\boldsymbol{v}_1+p_2\boldsymbol{I} \end{bmatrix} \tag{5.60}$$

5.3.2　非相对论声场能-动量张量

参考式（2.26），先将单位质量流体的内能 u 展开，取一阶量和二阶量

$$u_1=\frac{p_0p_1}{\rho_0c_0^2}=\frac{p_0\rho_1}{\rho_0}=\beta p_0p_1 \tag{5.61a}$$

$$u_2=\frac{p_1^2}{2\rho_0^2c_0^2}=\frac{p_1\rho_1}{2\rho_0^2}=\frac{\beta p_1^2}{2\rho_0} \tag{5.61b}$$

进一步，根据式（5.23），将固有能量密度 e 展开，取零阶量、一阶量和二阶量，则有

$$e_0=\rho_0c^2\text{，}\quad e_1=\rho_1c^2+\frac{p_0}{\rho_0}\rho_1=\rho_1c^2+\beta p_0p_1\text{，}$$

$$e_2=\rho_2c^2+\frac{1}{2}\rho_0v_1^2+\frac{1}{2}\beta p_1^2 \tag{5.62}$$

在导出e_2的过程略去了$\beta^2 p_0 p_1^2$，这是因为$\beta p_0 \approx \beta p = p/(\rho_0 c_0^2) = \rho/\rho_0$正是一阶质量密度与平衡质量密度比，而$\beta p_0 \ll 1$，$\beta^2 p_0 p_1^2 \ll \frac{1}{2}\beta p_1^2$，故略去了该项。

非相对论一阶声场能-动量张量

将式（5.62）代入式（5.57），可以得到非相对论一阶声场能-动量张量，其能量密度、能流密度、动量密度和动量流密度为

$$w_{La1} = e_1 = \rho_1 c^2 + \frac{p_0}{\rho_0}\rho_1,\quad \boldsymbol{S}_{La1} = (e_0 + p_0)\boldsymbol{v}_1 = \rho_0 c^2 \boldsymbol{v}_1 + p_0 \boldsymbol{v}_1,$$

$$\boldsymbol{g}_{La1} = \frac{e_0 + p_0}{c^2}\boldsymbol{v}_1 = \rho_0 \boldsymbol{v}_1 + \frac{p_0 \boldsymbol{v}_1}{c^2},\quad \boldsymbol{T}_{La1} = p_1 \boldsymbol{I} \tag{5.63}$$

写成矩阵形式

$$T_{La1} = \begin{bmatrix} \rho_1 c^2 + \dfrac{p_0}{\rho_0}\rho_1 & \dfrac{1}{c}(\rho_0 c^2 + p_0)\boldsymbol{v}_1 \\ c\left(\rho_0 + \dfrac{p_0}{c^2}\right)\boldsymbol{v}_1 & p_1 \boldsymbol{I} \end{bmatrix} \tag{5.64}$$

非相对论二阶声场能-动量张量

还可以得到非相对论二阶声场能-动量张量，其能量密度、能流密度、动量密度和动量流密度为

$$w_{La2} = e_2 = \frac{1}{2}\rho_0 v_1^2 + \frac{1}{2}\beta p_1^2 + \rho_2 c^2,$$

$$\boldsymbol{S}_{La2} = (e_1 + p_1)\boldsymbol{v}_1 = \rho_1 c^2 \boldsymbol{v}_1 + p_1 \boldsymbol{v}_1,\quad \boldsymbol{g}_{La2} = \frac{e_1 + p_1}{c^2}\boldsymbol{v}_1 = \rho_1 \boldsymbol{v}_1 + \frac{p_1}{c^2}\boldsymbol{v}_1,$$

$$\boldsymbol{T}_{La2} = \frac{e_0 + p_0}{c^2}\boldsymbol{v}_1\boldsymbol{v}_1 + p_2 \boldsymbol{I} = \rho_0 \boldsymbol{v}_1 \boldsymbol{v}_1 + p_2 \boldsymbol{I} + \frac{p_0}{c^2}\boldsymbol{v}_1 \boldsymbol{v}_1 \tag{5.65}$$

在导出$\boldsymbol{S}_{La2}$和$\boldsymbol{g}_{La2}$的过程中，还分别包含了一个二阶项$\beta p_0 p_1 \boldsymbol{v}_1$和$(\beta p_0/c^2)p_1\boldsymbol{v}_1$，$\beta p_0$是一阶质量密度与平衡质量密度比，同样的原因，它们可以略去。

写成矩阵形式有

$$T_{La2}=\begin{bmatrix}\frac{1}{2}\rho_0 v_1^2+\frac{1}{2}\beta p_1^2+\rho_2 c^2 & \frac{1}{c}(\rho_1 c^2\boldsymbol{v}_1+p_1\boldsymbol{v}_1)\\ c\left(\rho_1\boldsymbol{v}_1+\frac{p_1}{c^2}\boldsymbol{v}_1\right) & \left(\rho_0+\frac{p_0}{c^2}\right)\boldsymbol{v}_1\boldsymbol{v}_1+p_2\boldsymbol{I}\end{bmatrix}\tag{5.66}$$

需要注意，勿混淆 5.2.2 节和 5.3.2 节出现的“二阶”概念，前者指的是对相对论流体力学能-动量张量取二阶低速近似，即保留相对于主要项的数量级为$1/c^2$的二阶修正项，后者指的是对流体中声场取小振幅近似，声场能-动量张量是二阶量，即T_{La2}中能量密度、能流密度、动量密度和动量流密度都是二阶量。

可以看出，非相对论一阶声场能-动量张量T_{La1}和二阶声场能-动量张量T_{La2}均为对称张量。

5.3.3　经典流体声场能-动量张量

一阶声场能-动量张量

当考虑经典流体中的声场时，能量密度项和能流密度项应扣除静止能量ρc^2相关量，对于式(5.64)，应分别去掉ρc^2的一阶近似量$\rho_1 c^2$和$\rho c^2\boldsymbol{v}$的一阶近似量$\rho_0 c^2\boldsymbol{v}_1$。

略去式（5.64）中动量密度的二阶相对论修正量$p_0\boldsymbol{v}/c^2$，并将式（5.64）分成两项之和，即

$$T_{La1}=\begin{bmatrix}\frac{p_0}{\rho_0}\rho_1 & \frac{1}{c}p_0\boldsymbol{v}_1\\ c\rho_0\boldsymbol{v}_1 & p_1\boldsymbol{I}\end{bmatrix}+\begin{bmatrix}\rho_1 c^2 & \frac{1}{c}(\rho_0 c^2\boldsymbol{v}_1)\\ 0 & 0\end{bmatrix}\tag{5.67}$$

将式（5.67）中第一项记为

$$T_{a1}=\begin{bmatrix}w_{a1} & \frac{1}{c}\boldsymbol{S}_{a1}\\ c\boldsymbol{g}_{a1} & \boldsymbol{T}_{a1}\end{bmatrix}=\begin{bmatrix}\frac{p_0}{\rho_0}\rho_1 & \frac{1}{c}p_0\boldsymbol{v}\\ c\rho_0\boldsymbol{v}_1 & p_1\boldsymbol{I}\end{bmatrix}\tag{5.68}$$

式（5.68）为经典流体一阶声场能-动量张量。

如 2.4 节所述，一阶声场能量守恒方程可从一阶质量守恒方程直接导出。而式（5.67）中第二项代入一阶声场能-动量守恒方程，除以 c^2 后，它正是一阶质量守恒方程。

二阶声场能-动量张量

当考虑经典流体中的声场时，能量密度项和能流密度项应扣除静止能量 ρc^2 相关量，对于式(5.66)，应分别去掉 ρc^2 的二阶近似量 $\rho_2 c^2$ 和 $\rho c^2 \boldsymbol{v}$ 的二阶近似量 $\rho_1 c^2 \boldsymbol{v}_1$。

分别略去式（5.66）中动量密度和动量流密度的二阶相对论修正量 $p_1\boldsymbol{v}_1/c^2$ 和 $(p_0/c^2)\boldsymbol{v}_1\boldsymbol{v}_1$，并将式（5.66）分成两项之和，即

$$T_{La2}=\begin{bmatrix}\dfrac{1}{2}\rho_0 v_1^2+\dfrac{1}{2}\beta p_1^2 & \dfrac{1}{c}(p_1\boldsymbol{v}_1)\\ c(\rho_1\boldsymbol{v}_1) & \rho_0\boldsymbol{v}_1\boldsymbol{v}_1+p_2\boldsymbol{I}\end{bmatrix}+\begin{bmatrix}\rho_2 c^2 & \dfrac{1}{c}(\rho_1 c^2\boldsymbol{v}_1)\\ 0 & 0\end{bmatrix} \tag{5.69}$$

将式（5.69）中第一项记为

$$T_{a2}=\begin{bmatrix}w_{a2} & \dfrac{1}{c}\boldsymbol{S}_{a2}\\ c\boldsymbol{g}_{a2} & \boldsymbol{T}_{a2}\end{bmatrix}=\begin{bmatrix}\dfrac{1}{2}\rho_0 v_1^2+\dfrac{1}{2}\beta p_1^2 & \dfrac{1}{c}p_1\boldsymbol{v}\\ c\rho_1\boldsymbol{v}_1 & \rho_0\boldsymbol{v}_1\boldsymbol{v}_1+p_2\boldsymbol{I}\end{bmatrix} \tag{5.70}$$

式（5.70）为经典流体二阶声场能-动量张量，它不是对称张量。

式（5.69）中第二项代入二阶声场能-动量守恒方程，除以 c^2 后，它正是二阶质量守恒方程。

5.4　四维源矢量

5.4.1　流体力学四维源矢量

相对论流体力学四维源矢量

四维力的质量密度为

$$F^M = \left(\gamma \frac{\boldsymbol{f}\cdot\boldsymbol{v}}{c}, \gamma \boldsymbol{f}\right)$$

式中，$\boldsymbol{f}$ 为三维力的质量密度。

四维力的体积密度为 $\frac{h}{c^2}F^M$，四维注入动量密度速度为 $\frac{\gamma}{c}hqU^\mu$。因此，相对论流体力学四维源矢量为

$$Q_r^\mu = \frac{h}{c^2}F^M + \frac{\gamma}{c}hqU^\mu \tag{5.71}$$

写成分量形式

$$Q_r^\mu = \begin{bmatrix} \gamma \frac{h}{c^3}\boldsymbol{f}\cdot\boldsymbol{v} + \frac{\gamma^2}{c}hq \\ \gamma \frac{h}{c^2}\boldsymbol{f} + \frac{\gamma^2}{c^2}hq\boldsymbol{v} \end{bmatrix}^{\mathrm{T}} \tag{5.72}$$

非相对论流体力学四维源矢量

在非相对论近似下，保留相对于主要项的数量级为 $1/c^2$ 的二阶修正项，则非相对论二阶近似流体力学四维源矢量为

$$\begin{aligned} Q_L^\mu &= \begin{bmatrix} \frac{1}{c}\rho\boldsymbol{f}\cdot\boldsymbol{v} + \frac{1}{c}\left(\rho c^2 + \frac{1}{2}\rho v^2 + \rho u + p\right)q \\ \rho\boldsymbol{f} + \left[\rho + \frac{1}{c^2}\left(\frac{1}{2}\rho v^2 + \rho u + p\right)\right]q\boldsymbol{v} \end{bmatrix}^{\mathrm{T}} \\ &= \begin{bmatrix} \frac{1}{c}\rho\boldsymbol{f}\cdot\boldsymbol{v} + \frac{1}{c}(\rho c^2 + \rho\varepsilon + p)q \\ \rho\boldsymbol{f} + \left[\rho + \frac{1}{c^2}(\rho\varepsilon + p)\right]q\boldsymbol{v} \end{bmatrix}^{\mathrm{T}} \end{aligned} \tag{5.73}$$

经典流体力学四维源矢量

对于经典流体力学，将 Q_L^μ 的时间分量扣除静止能量密度相关项 ρc^2，空间分量略去 $1/c^2$ 级小量，得到经典流体力学四维源矢量

$$Q^{\mu}=\begin{bmatrix}\dfrac{1}{c}\rho\boldsymbol{f}\cdot\boldsymbol{v}+\dfrac{1}{c}\left(\dfrac{1}{2}\rho v^{2}+\rho u+p\right)q\\ \rho\boldsymbol{f}+\rho q\boldsymbol{v}\end{bmatrix}^{\mathrm{T}}=\begin{bmatrix}\dfrac{1}{c}\rho\boldsymbol{f}\cdot\boldsymbol{v}+\dfrac{1}{c}(\rho\varepsilon+p)q\\ \rho\boldsymbol{f}+\rho q\boldsymbol{v}\end{bmatrix}^{\mathrm{T}} \tag{5.74}$$

利用式（2.11）和式（2.22），式（5.74）还可简记为

$$Q^{\mu}=\begin{bmatrix}\dfrac{1}{c}P_{\mathrm{e}}\\ \boldsymbol{F}\end{bmatrix}^{\mathrm{T}} \tag{5.75}$$

5.4.2　经典流体声学四维源矢量

利用小振幅近似，不难导出相对论流体声学四维源矢量和非相对论流体声学四维源矢量，本节不再讨论，这里只给出经典流体声学四维源矢量。

经典流体声学一阶四维源矢量

将式（5.54）代入式（5.74），取一阶量，有

$$Q_{a1}^{\mu}=\left(\frac{1}{c}qp_{0},\rho_{0}\boldsymbol{f}\right) \tag{5.76}$$

经典流体声学二阶四维源矢量

将式（5.54）代入式（5.74），取二阶量，有

$$Q_{a2}^{\mu}=\left(\frac{1}{c}\rho_{0}\boldsymbol{f}\cdot\boldsymbol{v}_{1}+\frac{1}{c}qp_{1},\rho_{1}\boldsymbol{f}+\rho_{0}q\boldsymbol{v}_{1}\right) \tag{5.77}$$

利用以上四维源矢量，可以讨论有外源情况下的能-动量守恒方程。

5.5　流体力学能-动量守恒方程

5.5.1　非相对论流体力学能–动量守恒方程

考虑有源情况，非相对论流体力学能-动量守恒方程为

$$\partial_\nu T_L^{\mu\nu} = Q_L^\mu \tag{5.78}$$

式中 $T_L^{\mu\nu}$ 即式（5.42）。

将式（5.78）展开，非相对论流体力学能量守恒方程和动量守恒方程分别为

$$\frac{\partial}{\partial t}(\rho c^2 + w) + \nabla\cdot(\rho c^2 \boldsymbol{v} + \boldsymbol{S}) = \rho \boldsymbol{f}\cdot\boldsymbol{v} + q(p + \rho\varepsilon + \rho c^2) \tag{5.79a}$$

$$\frac{\partial}{\partial t}\left(\boldsymbol{g} + \frac{\boldsymbol{S}}{c^2}\right) + \nabla\cdot\left(\boldsymbol{T} + \frac{\boldsymbol{S}\boldsymbol{v}}{c^2}\right) = \rho\boldsymbol{f} + pq\boldsymbol{v} + \frac{1}{c^2}(p + \rho\varepsilon)\boldsymbol{v} \tag{5.79b}$$

5.5.2　经典流体力学能–动量守恒方程

考虑有源情况，经典流体力学能-动量守恒方程为

$$\partial_\nu T^{\mu\nu} = Q^\mu \tag{5.80}$$

式中 $T^{\mu\nu}$ 即式（5.51）。

将式（5.80）展开，经典流体力学能量守恒方程和动量守恒方程分别为

$$\frac{\partial w}{\partial t} + \nabla\cdot\boldsymbol{S} = P_{\mathrm{e}} \tag{5.81a}$$

$$\frac{\partial \boldsymbol{g}}{\partial t} + \nabla\cdot\boldsymbol{T} = \boldsymbol{F} \tag{5.81b}$$

上面两式和第 2 章中给出的能量守恒方程（2.23）、动量守恒方程式（2.12）是一致的。

实际上，只要将式（5.79a）分成两个方程，其一为质量守恒方程，

另一个即为式（5.81a），式（5.79b）中略去$1/c^2$二阶小量，即可以得到式（5.81b）。

5.6　经典流体声场能-动量守恒方程

5.6.1　一阶声场能-动量守恒方程

考虑有源情况，一阶声场能-动量守恒方程为

$$\partial_\nu T_{a1}^{\mu\nu} = Q_{a1}^{\mu} \tag{5.82}$$

式中，T_{a1}为一阶声场能-动量张量，表达式为式（5.68），Q_{a1}^{μ}为一阶声场四维源矢量，表达式为式（5.76）。

将式（5.82）展开，取时间分量和空间分量

$$\frac{\partial}{\partial t}\left(\frac{p_0}{\rho_0}\rho_1\right) + \nabla\cdot(p_0\boldsymbol{v}_1) = qp_0 \tag{5.83a}$$

$$\frac{\partial}{\partial t}(\rho_0\boldsymbol{v}_1) + \nabla p_1 = \rho_0\boldsymbol{f} \tag{5.83b}$$

式（5.83a）和式（5.83b）分别为一阶声场能量守恒方程和动量守恒方程。

5.6.2　二阶声场能-动量守恒方程

考虑有源情况，二阶声场能-动量守恒方程为

$$\partial_\nu T_{a2}^{\mu\nu} = Q_{a2}^{\mu} \tag{5.84}$$

式中，T_{a2}为二阶声场能-动量张量，表达式为式（5.70），Q_{a2}^{μ}为二阶声场四维源矢量，表达式为式（5.77）。

将式（5.84）展开，取出时间分量和空间分量

$$\frac{\partial}{\partial t}\left(\frac{1}{2}\rho_0 v_1^2 + \frac{1}{2}\beta p_1^2\right) + \nabla\cdot(p_1\boldsymbol{v}_1) = \rho_0\boldsymbol{f}\cdot\boldsymbol{v}_1 + qp_1 \tag{5.85a}$$

$$\frac{\partial}{\partial t}(\rho_1\boldsymbol{v}_1) + \nabla\cdot(\rho_0\boldsymbol{v}_1\boldsymbol{v}_1 + p_2\boldsymbol{I}) = \rho_1\boldsymbol{f} + \rho_0 q\boldsymbol{v}_1 \tag{5.85b}$$

式（5.85a）和式（5.85b）分别为二阶声场能量守恒方程和动量守恒方程。

5.7　声场互能-动量方程

在不引起误解的前提下，略去二阶声场能-动量守恒方程的下角标 $a2$，将二阶声压用拉格朗日密度表示，即 $p_2=\dfrac{1}{2}\beta p_1^2-\dfrac{1}{2}\rho_0 v_1^2$，然后略去能-动量张量中一阶质量密度、一阶声压、二阶势能密度和二阶动能密度的下角标，以及二阶四维源矢量中的一阶质量密度和一阶质点速度的下角标。

声场能-动量守恒方程

$$\partial_\nu T^{\mu\nu}=Q^\mu \tag{5.86}$$

声场能-动量张量与声场四维源矢量分别为

$$T=\begin{bmatrix} w & \dfrac{1}{c}\boldsymbol{S} \\ c\boldsymbol{g} & \boldsymbol{T} \end{bmatrix} \tag{5.87a}$$

$$Q=\begin{bmatrix} \dfrac{1}{c}\rho_0\boldsymbol{f}\cdot\boldsymbol{v}+\dfrac{1}{c}qp \\ \rho\boldsymbol{f}+\rho_0 q\boldsymbol{v} \end{bmatrix}^{\mathrm{T}} \tag{5.87b}$$

式中，二阶声场能量密度、动能密度、势能密度、能流密度、动量密度、动量流密度分别为

$$w=w_{\mathrm{k}}+w_{\mathrm{p}},\quad w_{\mathrm{k}}=\frac{1}{2}\rho_0 v^2,\quad w_{\mathrm{p}}=\frac{1}{2}\beta p^2,\quad \boldsymbol{S}=p\boldsymbol{v},\quad \boldsymbol{g}=\rho\boldsymbol{v},$$

$$\boldsymbol{T}=\rho_0\boldsymbol{v}\boldsymbol{v}+(w_{\mathrm{p}}-w_{\mathrm{k}})\boldsymbol{I} \tag{5.88}$$

对式（5.86）取时间周期平均

$$\left\langle \partial_\nu T^{\mu\nu}\right\rangle=\left\langle Q^\mu\right\rangle \tag{5.89}$$

其中的时间导数项被消去，将希腊字母项换为拉丁字母，有

$$\partial_j \operatorname{Re} T^{\mu j} = \operatorname{Re} Q^{\mu} \tag{5.90}$$

需要注意，这里T和Q为相量，在不引起误解的前提下，为简便计，仍用原符号表示。

式（5.90）中，有

$$T = \begin{bmatrix} \frac{1}{c}\boldsymbol{S} & \boldsymbol{T} \end{bmatrix}^{\mathrm{T}}, \quad Q = \begin{bmatrix} \frac{1}{c}\rho_0 \boldsymbol{f}\cdot\boldsymbol{v} + \frac{1}{c}qp \\ \rho\boldsymbol{f} + \rho_0 q\boldsymbol{v} \end{bmatrix}^{\mathrm{T}} \tag{5.91}$$

考虑两组时谐声场，分别用下角标 1 和 2 表示，采用合成场方法，取出两个场的相互作用量，得到线性声波系统的互能-动量方程

$$\partial_j (T^{\mu j}_{1*2} + T^{\mu j}_{21*}) = Q^{\mu}_{1*2} + Q^{\mu}_{21*} \tag{5.92}$$

式中

$$\boldsymbol{S}^{\mu j}_{1*2} = p_1^* \boldsymbol{v}_2, \quad \boldsymbol{S}^{\mu j}_{21*} = p_2 \boldsymbol{v}_1^*,$$

$$\boldsymbol{T}^{\mu j}_{1*2} = \rho_0 \boldsymbol{v}_1^* \boldsymbol{v}_2 + \left(\frac{1}{2}\beta p_1^* p_2 - \frac{1}{2}\rho_0 \boldsymbol{v}_1^* \cdot \boldsymbol{v}_2\right)\boldsymbol{I},$$

$$\boldsymbol{T}^{\mu j}_{21*} = \rho_0 \boldsymbol{v}_2 \boldsymbol{v}_1^* + \left(\frac{1}{2}\beta p_2 p_1^* - \frac{1}{2}\rho_0 \boldsymbol{v}_2 \cdot \boldsymbol{v}_1^*\right)\boldsymbol{I},$$

$$Q^{\mu}_{1*2} = \begin{bmatrix} \frac{1}{c}\rho_0 \boldsymbol{f}_1^* \cdot \boldsymbol{v}_2 + \frac{1}{c} q_1^* p_2 \\ \rho_1^* \boldsymbol{f}_2 + \rho_0 q_1^* \boldsymbol{v}_2 \end{bmatrix}^{\mathrm{T}}, \quad Q^{\mu}_{21*} = \begin{bmatrix} \frac{1}{c}\rho_0 \boldsymbol{f}_2 \cdot \boldsymbol{v}_1^* + \frac{1}{c} q_2 p_1^* \\ \rho_2 \boldsymbol{f}_1^* + \rho_0 q_2 \boldsymbol{v}_1^* \end{bmatrix}^{\mathrm{T}} \tag{5.93}$$

各式中，符号*表示共轭。

于是，得到声场互能-动量方程

$$\partial_j \begin{bmatrix} \frac{1}{c}(p_1^* \boldsymbol{v}_2 + p_2 \boldsymbol{v}_1^*) \\ \rho_0(\boldsymbol{v}_1^* \boldsymbol{v}_2 + \boldsymbol{v}_2 \boldsymbol{v}_1^*) + (\beta p_1^* p_2 - \rho_0 \boldsymbol{v}_1^* \cdot \boldsymbol{v}_2)\boldsymbol{I} \end{bmatrix} = \begin{bmatrix} \frac{1}{c}\rho_0(\boldsymbol{f}_1^* \cdot \boldsymbol{v}_2 + \boldsymbol{f}_2 \cdot \boldsymbol{v}_1^*) + \frac{1}{c}(q_1^* p_2 + q_2 p_1^*) \\ \rho_1^* \boldsymbol{f}_2 + \rho_2 \boldsymbol{f}_1^* + \rho_0(q_1^* \boldsymbol{v}_2 + q_2 \boldsymbol{v}_1^*) \end{bmatrix} \tag{5.94}$$

取式（5.94）的时间分量和空间分量

$$\nabla\cdot(p_1^*\boldsymbol{v}_2+p_2\boldsymbol{v}_1^*)=\rho_0(\boldsymbol{f}_1^*\cdot\boldsymbol{v}_2+\boldsymbol{f}_2\cdot\boldsymbol{v}_1^*)+q_1^*p_2+q_2p_1^* \tag{5.95a}$$

$$\begin{aligned}&\nabla\cdot[\rho_0(\boldsymbol{v}_1^*\boldsymbol{v}_2+\boldsymbol{v}_2\boldsymbol{v}_1^*)+(\beta p_1^*p_2-\rho_0\boldsymbol{v}_1^*\cdot\boldsymbol{v}_2)\boldsymbol{I}]\\&=\rho_1^*\boldsymbol{f}_2+\rho_2\boldsymbol{f}_1^*+\rho_0(q_1^*\boldsymbol{v}_2+q_2\boldsymbol{v}_1^*)\end{aligned} \tag{5.95b}$$

式（5.95a）和式（5.95b）分别为声场互能方程和互动量方程。

5.8　声场能-动量互易方程

对式（5.92）中下角标为 1 的物理量取共轭变换，变换后物理量的下角标用$1^{*\prime}$表示，有

$$\partial_j(T_{1^{*\prime}2}^{\mu j}+T_{21^{*\prime}}^{\mu j})=Q_{1^{*\prime}2}^{\mu}+Q_{21^{*\prime}}^{\mu} \tag{5.96}$$

式中

$$\boldsymbol{S}_{1^{*\prime}2}^{\mu j}=p_1\boldsymbol{v}_2\,,\quad \boldsymbol{S}_{21^{*\prime}}^{\mu j}=-p_2\boldsymbol{v}_1\,,$$

$$\boldsymbol{T}_{1^{*\prime}2}^{\mu j}=-\rho_0\boldsymbol{v}_1\boldsymbol{v}_2+\left(\frac{1}{2}\beta p_1p_2+\frac{1}{2}\rho_0\boldsymbol{v}_1\cdot\boldsymbol{v}_2\right)\boldsymbol{I}\,,$$

$$\boldsymbol{T}_{21^{*\prime}}^{\mu j}=-\rho_0\boldsymbol{v}_2\boldsymbol{v}_1+\left(\frac{1}{2}\beta p_1p_2+\frac{1}{2}\rho_0\boldsymbol{v}_2\cdot\boldsymbol{v}_1\right)\boldsymbol{I}\,,$$

$$Q_{1^{*\prime}2}^{\mu}=\begin{bmatrix}\dfrac{1}{c}\rho_0\boldsymbol{f}_1\cdot\boldsymbol{v}_2-\dfrac{1}{c}q_1p_2\\ \rho_1\boldsymbol{f}_2-\rho_0q_1\boldsymbol{v}_2\end{bmatrix}^{\mathrm{T}},\quad Q_{21^{*\prime}}^{\mu}=\begin{bmatrix}-\dfrac{1}{c}\rho_0\boldsymbol{f}_2\cdot\boldsymbol{v}_1+\dfrac{1}{c}q_2p_1\\ \rho_2\boldsymbol{f}_1-\rho_0q_2\boldsymbol{v}_1\end{bmatrix}^{\mathrm{T}} \tag{5.97}$$

于是，得到声场能-动量互易方程

$$\begin{aligned}&\partial_j\begin{bmatrix}\dfrac{1}{c}(p_1\boldsymbol{v}_2-p_2\boldsymbol{v}_1)\\ (\beta p_1p_2+\rho_0\boldsymbol{v}_1\cdot\boldsymbol{v}_2)\boldsymbol{I}-\rho_0(\boldsymbol{v}_1\boldsymbol{v}_2+\boldsymbol{v}_2\boldsymbol{v}_1)\end{bmatrix}\\&=\begin{bmatrix}\dfrac{1}{c}\rho_0(\boldsymbol{f}_1\cdot\boldsymbol{v}_2-\boldsymbol{f}_2\cdot\boldsymbol{v}_1)+\dfrac{1}{c}(q_2p_1-q_1p_2)\\ \rho_1\boldsymbol{f}_2+\rho_2\boldsymbol{f}_1-\rho_0(q_1\boldsymbol{v}_2+q_2\boldsymbol{v}_1)\end{bmatrix}\end{aligned} \tag{5.98}$$

取式（5.96）的时间分量和空间分量

$$\partial_j (T^{0j}_{1^{*\prime}2} + T^{0j}_{21^{*\prime}}) = Q^0_{1^{*\prime}2} + Q^0_{21^{*\prime}} \tag{5.99a}$$

$$\partial_j (T^{ij}_{1^{*\prime}2} + T^{ij}_{21^{*\prime}}) = Q^i_{1^{*\prime}2} + Q^i_{21^{*\prime}} \tag{5.99b}$$

即取式（5.98）的时间分量和空间分量

$$\nabla\cdot(p_1\boldsymbol{v}_2 - p_2\boldsymbol{v}_1) = \rho_0\boldsymbol{f}_1\cdot\boldsymbol{v}_2 - \rho_0\boldsymbol{f}_2\cdot\boldsymbol{v}_1 + q_2 p_1 - q_1 p_2 \tag{5.100a}$$

$$\begin{aligned}&\nabla\cdot\left[(\beta p_1 p_2 + \rho_0\boldsymbol{v}_1\cdot\boldsymbol{v}_2)\boldsymbol{I} - \rho_0\boldsymbol{v}_1\boldsymbol{v}_2 - \rho_0\boldsymbol{v}_2\boldsymbol{v}_1\right]\\ &= \rho_1\boldsymbol{f}_2 + \rho_2\boldsymbol{f}_1 - \rho_0 q_1\boldsymbol{v}_2 - \rho_0 q_2\boldsymbol{v}_1\end{aligned} \tag{5.100b}$$

式（5.100a）和（5.100b）分别为声场能量互易方程和动量互易方程。

习　题

5.1　利用经典流体力学能量守恒方程式（2.21）和动量守恒方程式（2.10），直接写出经典流体力学能-动量守恒方程。

5.2　利用线性声波系统的能量守恒方程式（2.42）和动量守恒方程式（2.45），直接写出声场能-动量守恒方程。

第 6 章　声场互易方程一般形式

我们曾利用四元数导出了电磁场互易定理的一般形式（刘国强等，2022a，2022b），本章则利用四元数导出声场互易定理的一般形式，包括四声场互能-动量方程和四声场能-动量互易方程。

6.1　四元数预备知识

由于熟悉四元数的学者不多，为自成体系，本节先介绍四元数的预备知识。

6.1.1　四元数的定义与运算

一个数轴被实数充满，实数间的运算结果总保持在同一数轴上，称之为封闭性。除 0 以外的任一实数，总可以用另一个实数与其相乘使其乘积遍历整个数轴，称之为完备性。

复数的诞生开创了数观念的新阶段，它的出现使数从一条直线发展到一个平面。复数的乘法规则既保持了封闭性又保持了完备性，即两个复数的乘积仍是复数，给定一个非 0 复数，总可以用另外一个复数与其相乘使其乘积遍历整个复数平面。

进一步，人们建立了三维矢量，然而矢量之间的相乘运算既破坏了封闭性又破坏了完备性。两个矢量之间点乘的结果不再是矢量，而是一个数量；两个矢量之间叉乘虽然仍为一个矢量，然而这个矢量总与两个叉乘的矢量垂直。因此，不可能在任意给定一个非 0 矢量后，用另外一个矢量与其叉乘使其积矢量遍历整个空间。

哈密顿于 1843 年发现并创造了四元数，于 1866 年出版了《四元数概论》。

四元数把 A 和 B 分别定义为

$$A = a + \boldsymbol{a} = a + a_1\boldsymbol{i} + a_2\boldsymbol{j} + a_3\boldsymbol{k}$$

$$B = b + \boldsymbol{b} = b + b_1\boldsymbol{i} + b_2\boldsymbol{j} + b_3\boldsymbol{k}$$

式中，a 和 $\boldsymbol{a}$ 分别称为四元数 A 的标部和矢部，b 和 $\boldsymbol{b}$ 分别称为四元数 B 的标部和矢部，$\boldsymbol{i}$，$\boldsymbol{j}$ 和 $\boldsymbol{k}$ 为三个相互垂直且方向固定的单位矢量。

两个四元数 A 和 B 相乘定义为

$$AB = (a + a_1\boldsymbol{i} + a_2\boldsymbol{j} + a_3\boldsymbol{k})(b + b_1\boldsymbol{i} + b_2\boldsymbol{j} + b_3\boldsymbol{k})$$

$$= ab - \boldsymbol{a}\cdot\boldsymbol{b} + a\boldsymbol{b} + b\boldsymbol{a} + \boldsymbol{a}\times\boldsymbol{b}$$

$$BA = (b + b_1\boldsymbol{i} + b_2\boldsymbol{j} + b_3\boldsymbol{k})(a + a_1\boldsymbol{i} + a_2\boldsymbol{j} + a_3\boldsymbol{k})$$

$$= ab - \boldsymbol{a}\cdot\boldsymbol{b} + a\boldsymbol{b} + b\boldsymbol{a} + \boldsymbol{b}\times\boldsymbol{a}$$

式中，任意两个单位矢量相乘，满足

$$\boldsymbol{ii} = \boldsymbol{jj} = \boldsymbol{kk} = -1$$

$$\boldsymbol{ij} = -\boldsymbol{ji} = \boldsymbol{k},\quad \boldsymbol{jk} = -\boldsymbol{kj} = \boldsymbol{i},\quad \boldsymbol{ki} = -\boldsymbol{ik} = \boldsymbol{j}$$

若 b 为零，则 AB 和 BA 简化为

$$AB = (a + \boldsymbol{a})\boldsymbol{b} = -\boldsymbol{a}\cdot\boldsymbol{b} + a\boldsymbol{b} + \boldsymbol{a}\times\boldsymbol{b}$$

$$BA = \boldsymbol{b}(a + \boldsymbol{a}) = -\boldsymbol{a}\cdot\boldsymbol{b} + a\boldsymbol{b} + \boldsymbol{b}\times\boldsymbol{a}$$

四元数的乘积既保持了封闭性，又保持了完备性。两个四元数相乘涉及标量相乘、标量与矢量相乘、矢量点积和矢量叉积。四元数是比实数、复数更高一层次的数的形态。

6.1.2　双四元数

若四元数 A 的 a 和 $a_i\,(i = 1,2,3)$ 中至少有一个是复数或纯虚数，那么称其为双四元数，其运算法则与（单）四元数相同。

对于双四元数，有五个双四元数与之对应，或与其共轭。

双四元数 A 的四元共轭、反共轭、复共轭和厄米共轭分别为

$$\widetilde{A}=a-a_1\boldsymbol{i}-a_2\boldsymbol{j}-a_3\boldsymbol{k}=a-\boldsymbol{a}$$
$$A^c=a^*+a_1^*\boldsymbol{i}+a_2^*\boldsymbol{j}+a_3^*\boldsymbol{k}=a^*+\boldsymbol{a}^*$$
$$A^*=a^*-a_1^*\boldsymbol{i}+a_2^*\boldsymbol{j}-a_3^*\boldsymbol{k}$$
$$A^+=a^*-a_1^*\boldsymbol{i}-a_2^*\boldsymbol{j}-a_3^*\boldsymbol{k}=a^*-\boldsymbol{a}^*$$

双四元数 A 的转置为

$$A^{\mathrm{T}}=a+a_1\boldsymbol{i}-a_2\boldsymbol{j}+a_3\boldsymbol{k}$$

它们之间满足如下关系

$$A^+=(\widetilde{A})^c=\widetilde{A^c}=(A^{\mathrm{T}})^*=(A^*)^{\mathrm{T}}$$

证明：

（1）因 $A^+=a^*-\boldsymbol{a}^*$ 且 $(\widetilde{A})^c=(a-\boldsymbol{a})^c=a^*-\boldsymbol{a}^*$，有

$$A^+=(\widetilde{A})^c$$

（2）因 $A^c=a^*+\boldsymbol{a}^*$，有

$$\widetilde{A^c}=(\widetilde{a^*+\boldsymbol{a}^*})=a^*-\boldsymbol{a}^*$$

于是有

$$A^+=\widetilde{A^c}$$

（3）由于

$$(A^{\mathrm{T}})^*=(a+a_1\boldsymbol{i}-a_2\boldsymbol{j}+a_3\boldsymbol{k})^*=a^*-a_1^*\boldsymbol{i}-a_2^*\boldsymbol{j}-a_3^*\boldsymbol{k}=a^*-\boldsymbol{a}^*$$

有

$$A^+=(A^{\mathrm{T}})^*$$

（4）由于

$$(A^*)^{\mathrm{T}}=(a^*-a_1^*\boldsymbol{i}+a_2^*\boldsymbol{j}-a_3^*\boldsymbol{k})^{\mathrm{T}}=a^*-a_1^*\boldsymbol{i}-a_2^*\boldsymbol{j}-a_3^*\boldsymbol{k}=a^*-\boldsymbol{a}^*$$

有

$$A^+=(A^*)^{\mathrm{T}}$$

两个双四元数 A 和 B 的各种共轭之间的乘法运算规律为

$$A^cB^c=(AB)^c$$
$$A^*B^*=(AB)^*$$
$$\widetilde{A}\widetilde{B}=\widetilde{BA}$$

$$A^{\mathrm{T}}B^{\mathrm{T}}=(BA)^{\mathrm{T}}$$
$$A^{+}B^{+}=(BA)^{+}$$

6.1.3　二级四元数

依照把四个实数组成一个四元数，或者把四个复数组成一个双四元数的方法，把四个四元数或双四元数再组合成为一个数，即二级四元数或二级双四元数

$$Q=A+B\boldsymbol{i}_2+C\boldsymbol{j}_2+D\boldsymbol{k}_2$$

式中，A、B、C和D为四元数或双四元数。$\boldsymbol{i}_2$、$\boldsymbol{j}_2$和$\boldsymbol{k}_2$为二级单位矢量，运算性质与一级单位矢量$\boldsymbol{i}$、$\boldsymbol{j}$和$\boldsymbol{k}$完全相同，即

$$\boldsymbol{i}_2\boldsymbol{i}_2=\boldsymbol{j}_2\boldsymbol{j}_2=\boldsymbol{k}_2\boldsymbol{k}_2=-1$$
$$\boldsymbol{i}_2\boldsymbol{j}_2=-\boldsymbol{j}_2\boldsymbol{i}_2=\boldsymbol{k}_2,\quad \boldsymbol{j}_2\boldsymbol{k}_2=-\boldsymbol{k}_2\boldsymbol{j}_2=\boldsymbol{i}_2,\quad \boldsymbol{k}_2\boldsymbol{i}_2=-\boldsymbol{i}_2\boldsymbol{k}_2=\boldsymbol{j}_2$$

当二级单位矢量遇到一级单位矢量时，并不发生运算，而且前后顺序可以交换，例如$\boldsymbol{i}\boldsymbol{i}_2=\boldsymbol{i}_2\boldsymbol{i}$。

两个二级四元数相加和相乘分别为

$$(A_1+B_1\boldsymbol{i}_2+C_1\boldsymbol{j}_2+D_1\boldsymbol{k}_2)+(A_2+B_2\boldsymbol{i}_2+C_2\boldsymbol{j}_2+D_2\boldsymbol{k}_2)$$
$$=A_1+A_2+(B_1+B_2)\boldsymbol{i}_2+(C_1+C_2)\boldsymbol{j}_2+(D_1+D_2)\boldsymbol{k}_2$$
$$(A_1+B_1\boldsymbol{i}_2+C_1\boldsymbol{j}_2+D_1\boldsymbol{k}_2)(A_2+B_2\boldsymbol{i}_2+C_2\boldsymbol{j}_2+D_2\boldsymbol{k}_2)$$
$$=(A_1A_2-B_1B_2-C_1C_2-D_1D_2)+(A_1B_2+B_1A_2+C_1D_2-D_1C_2)\boldsymbol{i}_2$$
$$+(A_1C_2+C_1A_2+D_1B_2-B_1D_2)\boldsymbol{j}_2+(A_1D_2+D_1A_2+B_1C_2-C_1B_2)\boldsymbol{k}_2$$

一个二级双四元数对应多个共轭的二级双四元数。

二级双四元数Q的四元共轭、反共轭、复共轭和厄米共轭分别为

$$\widetilde{Q}=\widetilde{A}-\widetilde{B}\boldsymbol{i}_2-\widetilde{C}\boldsymbol{j}_2-\widetilde{D}\boldsymbol{k}_2$$
$$Q^{c}=A^{c}+B^{c}\boldsymbol{i}_2+C^{c}\boldsymbol{j}_2+D^{c}\boldsymbol{k}_2$$
$$Q^{*}=A^{*}-B^{*}\boldsymbol{i}_2+C^{*}\boldsymbol{j}_2-D^{*}\boldsymbol{k}_2$$
$$Q^{+}=A^{+}-B^{+}\boldsymbol{i}_2-C^{+}\boldsymbol{j}_2-D^{+}\boldsymbol{k}_2$$

二级双四元数Q的转置为

$$Q^{\mathrm{T}} = A^{\mathrm{T}} + B^{\mathrm{T}}\boldsymbol{i}_2 - C^{\mathrm{T}}\boldsymbol{j}_2 + D^{\mathrm{T}}\boldsymbol{k}_2$$

与四元数的情形类似，二级四元数之间满足如下关系

$$Q^{+} = (\widetilde{Q})^{c} = \widetilde{Q^{c}} = (Q^{\mathrm{T}})^{*} = (Q^{*})^{\mathrm{T}}$$

6.1.4　高级四元数

依照将四个四元数组合成二级四元数的方法，还可以将四个二级四元数组合成三级四元数

$$P = Q_0 + Q_1\boldsymbol{i}_3 + Q_2\boldsymbol{j}_3 + Q_2\boldsymbol{k}_3$$

式中，$\boldsymbol{i}_3$、$\boldsymbol{j}_3$和$\boldsymbol{k}_3$为三级单位矢量，运算性质与一级单位矢量、二级单位矢量完全相同。

以此类推，还可以构造更高级别的四元数，由于本书用不到，这里不再详细叙述。

6.2　四元数声场方程

对于理想流体，考虑体力为零的区域，或者体力是无旋的，则速度场也是无旋的，声场方程为

$$\rho_0 \frac{\partial \boldsymbol{v}}{\partial t} + \nabla p = \rho_0 \boldsymbol{f} \tag{6.1a}$$

$$\beta \frac{\partial p}{\partial t} + \nabla \cdot \boldsymbol{v} = q \tag{6.1b}$$

$$\nabla \times \boldsymbol{v} = 0 \tag{6.1c}$$

将速度矢量$\boldsymbol{v}$和声压p组合为两个四元数，定义如下两个四声场

$$G = \boldsymbol{v} - \mathrm{i}c_0\beta p \tag{6.2a}$$

与

$$F = \rho_0\boldsymbol{v} - \frac{\mathrm{i}}{c_0} p = \rho_0 G \tag{6.2b}$$

式中，i为虚数单位。

将力源 $\boldsymbol{f}$ 和质量源 q 组合为一个四元数，定义四声源为

$$J=-q-\frac{\mathrm{i}}{c_0}\boldsymbol{f} \tag{6.3}$$

定义四微分算子

$$\partial=-\frac{\mathrm{i}}{c_0}\frac{\partial}{\partial t}+\nabla \tag{6.4}$$

则四元数声场方程可表示为

$$\partial G=J \tag{6.5}$$

将四元数声场方程展开，有

$$\begin{aligned}\partial G&=\left(-\frac{\mathrm{i}}{c_0}\frac{\partial}{\partial t}+\nabla\right)(\boldsymbol{v}-\mathrm{i}c_0\beta p)\\&=-\frac{\mathrm{i}}{c_0}\frac{\partial \boldsymbol{v}}{\partial t}-\nabla\cdot\boldsymbol{v}+\nabla\times\boldsymbol{v}-\beta\frac{\partial p}{\partial t}-\mathrm{i}c_0\beta\nabla p=-q-\frac{\mathrm{i}}{c_0}\boldsymbol{f}\end{aligned} \tag{6.6}$$

分别取出四元数声场方程的虚矢部、实标部和实矢部，即可得到声场方程式（6.1）中三个方程。

6.3 四声场能量和动量守恒方程

6.3.1 时域四声场能–动量守恒方程

因为两个四元数相乘不满足交换律，可以让两种次序的乘积各占一半权重，由此，得到四声场能–动量守恒方程

$$\frac{1}{2}[F^{+}\partial G-(\partial G)^{+}F]=\frac{1}{2}(F^{+}J-J^{+}F) \tag{6.7}$$

其中，上角标+表示取四元数的厄米共轭。

为了看清楚四声场能–动量守恒方程的真面目，下面展开式(6.7)。

首先处理式（6.7）左端项。

左端项各元素为

$$F^{+}=\frac{\mathrm{i}}{c_0}p-\rho_0\boldsymbol{v} \tag{6.8a}$$

$$\partial G=-\frac{\mathrm{i}}{c_0}\frac{\partial\boldsymbol{v}}{\partial t}-\nabla\cdot\boldsymbol{v}+\nabla\times\boldsymbol{v}-\beta\frac{\partial p}{\partial t}-\mathrm{i}c_0\beta\nabla p \tag{6.8b}$$

$$(\partial G)^{+}=-\frac{\mathrm{i}}{c_0}\frac{\partial\boldsymbol{v}}{\partial t}-\nabla\cdot\boldsymbol{v}-\nabla\times\boldsymbol{v}-\beta\frac{\partial p}{\partial t}-\mathrm{i}c_0\beta\nabla p \tag{6.8c}$$

进一步，有

$$\begin{aligned}
&F^{+}\partial G\\
&=\left(\frac{\mathrm{i}}{c_0}p-\rho_0\boldsymbol{v}\right)\left(-\frac{\mathrm{i}}{c_0}\frac{\partial\boldsymbol{v}}{\partial t}-\nabla\cdot\boldsymbol{v}+\nabla\times\boldsymbol{v}-\beta\frac{\partial p}{\partial t}-\mathrm{i}c_0\beta\nabla p\right)\\
&=\frac{1}{c_0^2}\frac{\partial}{\partial t}(p\boldsymbol{v})-\frac{\mathrm{i}}{c_0}\nabla\cdot(p\boldsymbol{v})-\frac{\mathrm{i}}{c_0}\frac{\partial}{\partial t}\left(\frac{1}{2}\beta p^2+\frac{1}{2}\rho_0 v^2\right)\\
&\quad+\nabla\cdot\left(\frac{1}{2}\beta p^2\boldsymbol{I}-\frac{1}{2}\rho_0 v^2\boldsymbol{I}+\rho_0\boldsymbol{v}\boldsymbol{v}\right)\\
&\quad+\frac{\mathrm{i}}{c_0}p\nabla\times\boldsymbol{v}-\frac{\mathrm{i}}{c_0}\nabla p\times\boldsymbol{v}+\frac{\mathrm{i}}{c_0}\rho_0\boldsymbol{v}\times\frac{\partial\boldsymbol{v}}{\partial t}+\rho_0\boldsymbol{v}\cdot\nabla\times\boldsymbol{v}
\end{aligned} \tag{6.9a}$$

$$\begin{aligned}
&(\partial G)^{+}F\\
&=\left(-\frac{\mathrm{i}}{c_0}\frac{\partial\boldsymbol{v}}{\partial t}-\nabla\cdot\boldsymbol{v}-\nabla\times\boldsymbol{v}-\beta\frac{\partial p}{\partial t}-\mathrm{i}c_0\beta\nabla p\right)\left(\rho_0\boldsymbol{v}-\frac{\mathrm{i}}{c_0}p\right)\\
&=\frac{\mathrm{i}}{c_0}\frac{\partial}{\partial t}\left(\frac{1}{2}\beta p^2+\frac{1}{2}\rho_0 v^2\right)-\frac{1}{c_0^2}\frac{\partial}{\partial t}(p\boldsymbol{v})+\frac{\mathrm{i}}{c_0}\nabla\cdot(p\boldsymbol{v})\\
&\quad+\nabla\cdot\left(\frac{1}{2}\rho_0 v^2\boldsymbol{I}-\frac{1}{2}\beta p^2\boldsymbol{I}-\rho_0\boldsymbol{v}\boldsymbol{v}\right)\\
&\quad-\frac{\mathrm{i}}{c_0}\nabla p\times\boldsymbol{v}+\frac{\mathrm{i}}{c_0}p\nabla\times\boldsymbol{v}+\frac{\mathrm{i}}{c_0}\rho_0\boldsymbol{v}\times\frac{\partial\boldsymbol{v}}{\partial t}+\rho_0\boldsymbol{v}\cdot\nabla\times\boldsymbol{v}
\end{aligned} \tag{6.9b}$$

以上推导过程中，使用了附录式（B13）和式（B16），即下面两个矢量恒等式

$$\nabla\cdot\left(\frac{1}{2}v^2\boldsymbol{I}\right)=(\boldsymbol{v}\cdot\nabla)\boldsymbol{v}+\boldsymbol{v}\times(\nabla\times\boldsymbol{v}) \tag{6.10a}$$

$$\boldsymbol{v}(\nabla\cdot\boldsymbol{v})+(\boldsymbol{v}\cdot\nabla)\boldsymbol{v}=\nabla\cdot(\boldsymbol{v}\boldsymbol{v}) \tag{6.10b}$$

于是，式（6.7）左端项化为

$$\begin{aligned}&\frac{1}{2}[F^{+}\partial G-(\partial G)^{+}F]\\&=\frac{1}{c_0^2}\frac{\partial}{\partial t}(p\boldsymbol{v})-\frac{\mathrm{i}}{c_0}\nabla\cdot(p\boldsymbol{v})-\frac{\mathrm{i}}{c_0}\frac{\partial}{\partial t}\left(\frac{1}{2}\beta p^2+\frac{1}{2}\rho_0 v^2\right)\\&\quad+\nabla\cdot\left(\frac{1}{2}\beta p^2\boldsymbol{I}-\frac{1}{2}\rho_0 v^2\boldsymbol{I}+\rho_0\boldsymbol{v}\boldsymbol{v}\right)\end{aligned} \tag{6.11}$$

接下来处理式（6.7）右端项。

四元数乘积 $F^{+}J$ 和 $J^{+}F$ 分别为

$$\begin{aligned}F^{+}J&=\left(\frac{\mathrm{i}}{c_0}p-\rho_0\boldsymbol{v}\right)\left(-q-\frac{\mathrm{i}}{c_0}\boldsymbol{f}\right)\\&=-\frac{\mathrm{i}}{c_0}pq-\frac{\mathrm{i}}{c_0}\rho_0\boldsymbol{f}\cdot\boldsymbol{v}-\frac{\mathrm{i}}{c_0}\rho_0\boldsymbol{f}\times\boldsymbol{v}+\rho\boldsymbol{f}+\rho_0 q\boldsymbol{v}\end{aligned} \tag{6.12a}$$

$$\begin{aligned}J^{+}F&=\left(-q-\frac{\mathrm{i}}{c_0}\boldsymbol{f}\right)\left(\rho_0\boldsymbol{v}-\frac{\mathrm{i}}{c_0}p\right)\\&=-\rho_0 q\boldsymbol{v}+\frac{\mathrm{i}}{c_0}pq+\frac{\mathrm{i}}{c_0}\rho_0\boldsymbol{f}\cdot\boldsymbol{v}-\frac{\mathrm{i}}{c_0}\rho_0\boldsymbol{f}\times\boldsymbol{v}-\rho\boldsymbol{f}\end{aligned} \tag{6.12b}$$

其中，使用了表达式 $p=\rho c_0^2$。

于是，式（6.7）右端项化为

$$\frac{1}{2}(F^{+}J-J^{+}F)=-\frac{\mathrm{i}}{c_0}\rho_0\boldsymbol{f}\cdot\boldsymbol{v}-\frac{\mathrm{i}}{c_0}pq+\rho\boldsymbol{f}+\rho_0 q\boldsymbol{v} \tag{6.13}$$

联合式（6.11）和式（6.13），时域四声场能-动量守恒方程为

$$\begin{aligned}&\frac{1}{c_0^2}\frac{\partial}{\partial t}(p\boldsymbol{v})-\frac{\mathrm{i}}{c_0}\nabla\cdot(p\boldsymbol{v})-\frac{\mathrm{i}}{c_0}\frac{\partial}{\partial t}\left(\frac{1}{2}\beta p^2+\frac{1}{2}\rho_0 v^2\right)\\&\quad+\nabla\cdot\left(\frac{1}{2}\beta p^2\boldsymbol{I}-\frac{1}{2}\rho_0 v^2\boldsymbol{I}+\rho_0\boldsymbol{v}\boldsymbol{v}\right)\\&=-\frac{\mathrm{i}}{c_0}\rho_0\boldsymbol{f}\cdot\boldsymbol{v}-\frac{\mathrm{i}}{c_0}pq+\rho\boldsymbol{f}+\rho_0 q\boldsymbol{v}\end{aligned} \tag{6.14}$$

取式（6.14）的虚标部和实矢部分量，有

$$\frac{\partial}{\partial t}\left(\frac{1}{2}\beta p^2+\frac{1}{2}\rho_0 v^2\right)+\nabla\cdot(p\boldsymbol{v})=\rho_0\boldsymbol{f}\cdot\boldsymbol{v}+pq \tag{6.15a}$$

$$\frac{\partial}{\partial t}(\rho\boldsymbol{v})+\nabla\cdot\left(\frac{1}{2}\beta p^2\boldsymbol{I}-\frac{1}{2}\rho_0 v^2\boldsymbol{I}+\rho_0\boldsymbol{v}\boldsymbol{v}\right)=\rho\boldsymbol{f}+\rho_0 q\boldsymbol{v} \tag{6.15b}$$

这两个分量正是时域二阶声场能量守恒方程和动量守恒方程。

6.3.2　频域四声场能-动量守恒方程

对式（6.7）取时间周期平均，式中时间偏导数项被消去了，可用 ∇ 替换 ∂，四声场和四声源均变成了相量。在不引起误解的情况下，仍用原符号表示，于是有

$$\frac{1}{2}\mathrm{Re}[F^+\nabla G-(\nabla G)^+F]=\frac{1}{2}\mathrm{Re}\left(F^+J-J^+\right) \tag{6.16}$$

将式（6.16）展开，可得

$$\frac{1}{2}\mathrm{Re}[\nabla\cdot(p\boldsymbol{v}^*)]=\frac{1}{2}\mathrm{Re}(\rho_0\boldsymbol{f}\cdot\boldsymbol{v}^*+pq^*) \tag{6.17a}$$

$$\begin{aligned}&\frac{1}{2}\mathrm{Re}\left[\nabla\cdot\left(\frac{1}{2}\beta pp^*\boldsymbol{I}-\frac{1}{2}\rho_0\boldsymbol{v}\cdot\boldsymbol{v}^*\boldsymbol{I}+\rho_0\boldsymbol{v}\boldsymbol{v}^*\right)\right]\\&=\frac{1}{2}\mathrm{Re}(\rho\boldsymbol{f}^*+\rho_0 q\boldsymbol{v}^*)\end{aligned} \tag{6.17b}$$

这两个分量正是频域二阶声场能量守恒方程和动量守恒方程。

6.4　四声场互能-动量方程

考虑两组四声场，令

$$F=F_1+F_2$$
$$G=G_1+G_2$$

$$J = J_1 + J_2$$

代入式（6.16），取出两个场相互作用量，有

$$\frac{1}{2}\mathrm{Re}[F_1^+\nabla G_2 - (\nabla G_1)^+ F_2] = \frac{1}{2}\mathrm{Re}(F_1^+ J_2 - J_1^+ F_2) \tag{6.18}$$

下面展开式（6.18）。

先处理左端项。各元素为

$$F_1^+ = \frac{\mathrm{i}}{c_0} p_1^* - \rho_0 \boldsymbol{v}_1^*$$

$$\nabla G_2 = \nabla\left(\boldsymbol{v}_2 - \mathrm{i}c_0\beta p_2\right) = -\nabla\cdot\boldsymbol{v}_2 + \nabla\times\boldsymbol{v}_2 - \mathrm{i}c_0\beta\nabla p_2$$

$$\nabla G_1 = -\nabla\cdot\boldsymbol{v}_1 + \nabla\times\boldsymbol{v}_1 - \mathrm{i}c_0\beta\nabla p_1$$

$$\left(\nabla G_1\right)^+ = -\left(\nabla\cdot\boldsymbol{v}_1^* + \nabla\times\boldsymbol{v}_1^* + \mathrm{i}c_0\beta\nabla p_1^*\right)$$

因此，有

$$\begin{aligned} F_1^+\nabla G_2 &= \left(\frac{\mathrm{i}}{c_0} p_1^* - \rho_0\boldsymbol{v}_1^*\right)(-\nabla\cdot\boldsymbol{v}_2 + \nabla\times\boldsymbol{v}_2 - \mathrm{i}c_0\beta\nabla p_2) \\ &= -\frac{\mathrm{i}}{c_0} p_1^*\nabla\cdot\boldsymbol{v}_2 + \frac{\mathrm{i}}{c_0} p_1^*\nabla\times\boldsymbol{v}_2 + \beta p_1^*\nabla p_2 \\ &\quad + \rho_0\boldsymbol{v}_1^*\nabla\cdot\boldsymbol{v}_2 + \rho_0\boldsymbol{v}_1^*\cdot\nabla\times\boldsymbol{v}_2 - \rho_0\boldsymbol{v}_1^*\times\nabla\times\boldsymbol{v}_2 \\ &\quad - \frac{\mathrm{i}}{c_0}\boldsymbol{v}_1^*\cdot\nabla p_2 - \frac{\mathrm{i}}{c_0}\nabla p_2\times\boldsymbol{v}_1^* \end{aligned} \tag{6.19a}$$

$$\begin{aligned} \left(\nabla G_1\right)^+ F_2 &= -\left(\nabla\cdot\boldsymbol{v}_1^* + \nabla\times\boldsymbol{v}_1^* + \mathrm{i}c_0\beta\nabla p_1^*\right)\left(\rho_0\boldsymbol{v}_2 - \frac{\mathrm{i}}{c_0} p_2\right) \\ &= -[\rho_0\left(\nabla\cdot\boldsymbol{v}_1^*\right)\boldsymbol{v}_2 - \rho_0\boldsymbol{v}_2\cdot\nabla\times\boldsymbol{v}_1^* - \rho_0\boldsymbol{v}_2\times\nabla\times\boldsymbol{v}_1^* \\ &\quad - \frac{\mathrm{i}}{c_0}\nabla p_1^*\cdot\boldsymbol{v}_2 + \frac{\mathrm{i}}{c_0}\nabla p_1^*\times\boldsymbol{v}_2 - \frac{\mathrm{i}}{c_0} p_2\nabla\cdot\boldsymbol{v}_1^* \\ &\quad - \frac{\mathrm{i}}{c_0} p_2\nabla\times\boldsymbol{v}_1^* + \beta p_2\nabla p_1^*] \end{aligned} \tag{6.19b}$$

于是式（6.18）的左端项化为

$$
\begin{aligned}
&\frac{1}{2}[F_1^+\nabla G_2-(\nabla G_1)^+F_2] \\
&=-\frac{\mathrm{i}}{c_0}\nabla\cdot(p_1^*\boldsymbol{v}_2)-\frac{\mathrm{i}}{c_0}\nabla\cdot(p_2\boldsymbol{v}_1^*) \\
&+\nabla\cdot[(\beta p_1^*p_2-\rho_0\boldsymbol{v}_1^*\cdot\boldsymbol{v}_2)\boldsymbol{I}+\rho_0\boldsymbol{v}_1^*\boldsymbol{v}_2+\rho_0\boldsymbol{v}_2\boldsymbol{v}_1^*] \\
&-\rho_0\nabla\cdot(\boldsymbol{v}_1^*\times\boldsymbol{v}_2)+\frac{\mathrm{i}}{c_0}\nabla\times(p_1^*\boldsymbol{v}_2)-\frac{\mathrm{i}}{c_0}\nabla\times(p_2\boldsymbol{v}_1^*)
\end{aligned}
\tag{6.20}
$$

推导过程使用了如下恒等式

$$
\nabla\cdot\left(\boldsymbol{v}_1^*\boldsymbol{v}_2\right)=\left(\nabla\cdot\boldsymbol{v}_1^*\right)\boldsymbol{v}_2+\left(\boldsymbol{v}_1^*\cdot\nabla\right)\boldsymbol{v}_2
$$

$$
\nabla\cdot\left(\boldsymbol{v}_2\boldsymbol{v}_1^*\right)=\left(\nabla\cdot\boldsymbol{v}_2\right)\boldsymbol{v}_1^*+\left(\boldsymbol{v}_2\cdot\nabla\right)\boldsymbol{v}_1^*
$$

$$
\nabla\cdot\left(\boldsymbol{v}_1^*\cdot\boldsymbol{v}_2\boldsymbol{I}\right)=\left(\boldsymbol{v}_1^*\cdot\nabla\right)\boldsymbol{v}_2+\left(\boldsymbol{v}_2\cdot\nabla\right)\boldsymbol{v}_1^*+\boldsymbol{v}_1^*\times\nabla\times\boldsymbol{v}_2+\boldsymbol{v}_2\times\nabla\times\boldsymbol{v}_1^*
$$

再处理式（6.18）的右端项。

$$
\begin{aligned}
F_1^+J_2&=\left(\frac{\mathrm{i}}{c_0}p_1^*-\rho_0\boldsymbol{v}_1^*\right)\left(-q_2-\frac{\mathrm{i}}{c_0}\boldsymbol{f}_2\right) \\
&=-\frac{\mathrm{i}}{c_0}p_1^*q_2+\rho_1^*\boldsymbol{f}_2+\rho_0q_2\boldsymbol{v}_1^*-\frac{\mathrm{i}}{c_0}\rho_0\boldsymbol{f}_2\cdot\boldsymbol{v}_1^*-\frac{\mathrm{i}}{c_0}\rho_0\boldsymbol{f}_2\times\boldsymbol{v}_1^*
\end{aligned}
\tag{6.21a}
$$

$$
\begin{aligned}
J_1^+F_2&=\left(-q_1^*-\frac{\mathrm{i}}{c_0}\boldsymbol{f}_1^*\right)\left(\rho_0\boldsymbol{v}_2-\frac{\mathrm{i}}{c_0}p_2\right) \\
&=-\rho_0q_1^*\boldsymbol{v}_2+\frac{\mathrm{i}}{c_0}p_2q_1^*+\frac{\mathrm{i}}{c_0}\rho_0\boldsymbol{f}_1^*\cdot\boldsymbol{v}_2-\frac{\mathrm{i}}{c_0}\rho_0\boldsymbol{f}_1^*\times\boldsymbol{v}_2-\rho_2\boldsymbol{f}_1^*
\end{aligned}
\tag{6.21b}
$$

于是式（6.18）的右端项化为

$$\begin{aligned}&\frac{1}{2}\left(F_1^+J_2-J_1^+F_2\right)\\&=-\frac{\mathrm{i}}{c_0}\rho_0\left(\boldsymbol{f}_1^*\cdot\boldsymbol{v}_2+\boldsymbol{f}_2\cdot\boldsymbol{v}_1^*\right)\\&\quad-\frac{\mathrm{i}}{c_0}\left(p_1^*q_2+p_2q_1^*\right)+\rho_0\left(q_1^*\boldsymbol{v}_2+q_2\boldsymbol{v}_1^*\right)\\&\quad+\rho_1^*\boldsymbol{f}_2+\rho_2\boldsymbol{f}_1^*+\frac{\mathrm{i}}{c_0}\rho_0\left(\boldsymbol{f}_1^*\times\boldsymbol{v}_2-\boldsymbol{f}_2^*\times\boldsymbol{v}_1\right)\end{aligned}\tag{6.22}$$

联合式（6.20）与式（6.22），得到四声场互能-动量方程

$$\begin{aligned}&-\frac{\mathrm{i}}{c_0}\nabla\cdot(p_1^*\boldsymbol{v}_2)-\frac{\mathrm{i}}{c_0}\nabla\cdot(p_2\boldsymbol{v}_1^*)\\&+\nabla\cdot[\beta p_1^*p_2-\rho_0\boldsymbol{v}_1^*\boldsymbol{v}_2\boldsymbol{I}+\rho_0\boldsymbol{v}_1^*\boldsymbol{v}_2+\rho_0\boldsymbol{v}_2\boldsymbol{v}_1^*]\\&-\rho_0\nabla\cdot(\boldsymbol{v}_1^*\times\boldsymbol{v}_2)+\frac{\mathrm{i}}{c_0}\nabla\times(p_1^*\boldsymbol{v}_2)-\frac{\mathrm{i}}{c_0}\nabla\times(p_2\boldsymbol{v}_1^*)\\=&-\frac{\mathrm{i}}{c_0}\rho_0(\boldsymbol{f}_1^*\cdot\boldsymbol{v}_2+\boldsymbol{f}_2\cdot\boldsymbol{v}_1^*)-\frac{\mathrm{i}}{c_0}(p_1^*q_2+p_2q_1^*)\\&+\rho_0(q_1^*\boldsymbol{v}_2+q_2\boldsymbol{v}_1^*)+\rho_1^*\boldsymbol{f}_2+\rho_2\boldsymbol{f}_1^*\\&+\frac{\mathrm{i}}{c_0}\rho_0(\boldsymbol{f}_1^*\times\boldsymbol{v}_2-\boldsymbol{f}_2^*\times\boldsymbol{v}_1)\end{aligned}\tag{6.23}$$

分别取四声场互能-动量方程的实标部、虚标部、实矢部和虚矢部，有

$$\nabla\cdot\left(\rho_0\boldsymbol{v}_1^*\times\boldsymbol{v}_2\right)=0\tag{6.24a}$$

$$\nabla\cdot(p_1^*\boldsymbol{v}_2+p_2\boldsymbol{v}_1^*)=\rho_0\boldsymbol{f}_1^*\cdot\boldsymbol{v}_2+\rho_0\boldsymbol{f}_2\cdot\boldsymbol{v}_1^*+p_1^*q_2+p_2q_1^*\tag{6.24b}$$

$$\begin{aligned}&\nabla\cdot\left[(\beta p_1^*p_2-\rho_0\boldsymbol{v}_1^*\boldsymbol{v}_2)\boldsymbol{I}+\rho_0\boldsymbol{v}_1^*\boldsymbol{v}_2+\rho_0\boldsymbol{v}_2\boldsymbol{v}_1^*\right]\\&=\rho_0q_1^*\boldsymbol{v}_2+\rho_0q_2\boldsymbol{v}_1^*+\rho_1^*\boldsymbol{f}_2+\rho_2\boldsymbol{f}_1^*\end{aligned}\tag{6.24c}$$

$$\nabla\times(p_1^*\boldsymbol{v}_2-p_2\boldsymbol{v}_1^*)=\rho_0\boldsymbol{f}_1^*\times\boldsymbol{v}_2-\rho_0\boldsymbol{f}_2^*\times\boldsymbol{v}_1\tag{6.24d}$$

式（6.24a）是一个平凡互能方程，式中既不含有声源，相互作用

项也只有一项，没有互易意义；式（6.24b）是声场互能方程，即式（3.19c）；式（6.24c）为声场互动量方程，即式（4.9a）；式（6.24d）是另一个声场互动量方程，即式（4.25）。

6.5　四声场能-动量互易方程

6.5.1　四声场能-动量互易方程微分形式

对式（6.18）的下角标 1 的四声源和四声场取反共轭，有

$$\begin{aligned}&\frac{1}{2}\mathrm{Re}[(F_1^c)^+\nabla G_2-(\nabla G_1^c)^+F_2]\\&=\frac{1}{2}\mathrm{Re}[(F_1^c)^+J_2-(J_1^c)^+F_2]\end{aligned}\tag{6.25}$$

其中，上角标 c 表示反共轭，+表示厄米共轭，即可得到四声场能-动量互易方程

$$\frac{1}{2}(\widetilde{F_1}\nabla G_2-\widetilde{\nabla G_1}F_2)=\frac{1}{2}(\widetilde{F_1}J_2-\widetilde{J_1}F_2)\tag{6.26}$$

其中~表示四元共轭。

实际上式（6.26）也可以直接由四声场方程导出，取 $\frac{\partial}{\partial t}=\mathrm{j}\omega$，微分算子为

$$\partial=-\frac{\mathrm{i}}{c_0}\mathrm{j}\omega+\nabla$$

注意，虚数单位 i 和 j 不发生运算。声场为

$$G=\boldsymbol{v}-\mathrm{i}c_0\beta p\tag{6.27}$$

为了书写方便，本节中 $\boldsymbol{f}$、q、$\boldsymbol{v}$ 和 p 及其对应的四声源 J 和四声场 G 与 F 均为相量，在不引起误解前提下，仍用与场量相同的符号表示。另外，将微分算子和场量简记为

$$\partial=d_t+\nabla\tag{6.28}$$

$$G=\boldsymbol{v}-\mathrm{i}a\tag{6.29}$$

式中

$$d_t = -\frac{\mathrm{i}}{c_0}\mathrm{j}\omega \tag{6.30}$$

$$a = c_0\beta p \tag{6.31}$$

两组声场方程为

$$\partial G_1 = J_1 \tag{6.32a}$$

$$\partial G_2 = J_2 \tag{6.32b}$$

式（6.32a）取四元共轭，

$$\widetilde{\partial G_1} = \widetilde{J}_1 \tag{6.33}$$

式（6.32b）左乘 $\widetilde{G}_1$ 减去式（6.33）右乘 G_2，四元数声场互易方程为

$$\widetilde{G}_1(\partial G_2) - \widetilde{\partial G_1}G_2 = \widetilde{G}_1 J_2 - \widetilde{J}_1 G_2 \tag{6.34a}$$

式（6.34a）两边同乘 $\frac{1}{2}\rho_0$，有

$$\frac{1}{2}(\widetilde{F}_1\partial G_2 - \widetilde{\partial F_1}G_2) = \frac{1}{2}(\widetilde{F}_1 J_2 - \widetilde{J}_1 F_2) \tag{6.34b}$$

将式（6.34a）展开。

先处理式（6.34a）左端项。各元素为

$$\widetilde{G}_1 = -\boldsymbol{v}_1 - \mathrm{i}c_0\beta p = -\boldsymbol{v}_1 - \mathrm{i}a_1$$

$$G_2 = \boldsymbol{v}_2 - \mathrm{i}a_2$$

$$\partial G_2 = (d_t + \nabla)(\boldsymbol{v}_2 - \mathrm{i}a_2) = d_t\boldsymbol{v}_2 - \mathrm{i}d_t a_2 - \nabla\cdot\boldsymbol{v}_2 + \nabla\times\boldsymbol{v}_2 - \mathrm{i}\nabla a_2$$

$$\widetilde{\partial G_1} = -d_t\boldsymbol{v}_1 - \mathrm{i}d_t a_1 - \nabla\cdot\boldsymbol{v}_1 - \nabla\times\boldsymbol{v}_1 + \mathrm{i}\nabla a_1$$

需要注意，尽管 $\boldsymbol{v}$ 为无旋场，即 $\nabla\times\boldsymbol{v} = 0$，为了互易方程的完整性，这里仍然保留了 $\nabla\times\boldsymbol{v}$ 项。则有

$$\begin{aligned}
&\widetilde{G}_1(\partial G_2)\\
&= (-\boldsymbol{v}_1 - \mathrm{i}a_1)(d_t\boldsymbol{v}_2 - \mathrm{i}d_t a_2 - \nabla\cdot\boldsymbol{v}_2 + \nabla\times\boldsymbol{v}_2 - \mathrm{i}\nabla a_2)\\
&= \boldsymbol{v}_1\cdot d_t\boldsymbol{v}_2 - \boldsymbol{v}_1\times d_t\boldsymbol{v}_2 - \mathrm{i}a_1 d_t\boldsymbol{v}_2 - a_1 d_t a_2\\
&\quad + \boldsymbol{v}_1\nabla\cdot\boldsymbol{v}_2 + \mathrm{i}a_1\nabla\cdot\boldsymbol{v}_2 - \mathrm{i}\boldsymbol{v}_1\cdot\nabla a_2\\
&\quad - \mathrm{i}\nabla a_2\times\boldsymbol{v}_1 - a_1\nabla a_2 + \boldsymbol{v}_1\cdot\nabla\times\boldsymbol{v}_2 - \boldsymbol{v}_1\times\nabla\times\boldsymbol{v}_2
\end{aligned} \tag{6.35a}$$

$$\widetilde{\partial G_1}G_2 = (-d_t\boldsymbol{v}_1 - \mathrm{i}d_t a_1 - \nabla\cdot\boldsymbol{v}_1 - \nabla\times\boldsymbol{v}_1 + \mathrm{i}\nabla a_1)(\boldsymbol{v}_2 - \mathrm{i}a_2)$$
$$= -(d_t\boldsymbol{v}_1 + \mathrm{i}d_t a_1 + \nabla\cdot\boldsymbol{v}_1 + \nabla\times\boldsymbol{v}_1 - \mathrm{i}\nabla a_1)(\boldsymbol{v}_2 - \mathrm{i}a_2)$$
$$= -(-d_t\boldsymbol{v}_1\cdot\boldsymbol{v}_2 + d_t\boldsymbol{v}_1\times\boldsymbol{v}_2 - \mathrm{i}a_2 d_t\boldsymbol{v}_1 + a_2 d_t a_1 \qquad (6.35\mathrm{b})$$
$$+\boldsymbol{v}_2\nabla\cdot\boldsymbol{v}_1 - \mathrm{i}a_2\nabla\cdot\boldsymbol{v}_1 + \mathrm{i}\boldsymbol{v}_2\cdot\nabla a_1$$
$$-\mathrm{i}\nabla a_1\times\boldsymbol{v}_2 - a_2\nabla a_1 - \boldsymbol{v}_2\cdot\nabla\times\boldsymbol{v}_1 - \boldsymbol{v}_2\times\nabla\times\boldsymbol{v}_1)$$

于是式（6.34a）左端项化为

$$\widetilde{G_1}(\partial G_2) - \widetilde{\partial G_1}G_2$$
$$= -\nabla\cdot(a_1a_2\boldsymbol{I}) - \nabla\cdot(\boldsymbol{v}_1\cdot\boldsymbol{v}_2\boldsymbol{I} - \boldsymbol{v}_1\boldsymbol{v}_2 - \boldsymbol{v}_2\boldsymbol{v}_1) + \mathrm{i}\nabla\cdot(a_1\boldsymbol{v}_2) \qquad (6.36)$$
$$-\mathrm{i}\nabla\cdot(a_2\boldsymbol{v}_1) - \mathrm{i}\nabla\times(a_1\boldsymbol{v}_2 + a_2\boldsymbol{v}_1) - \nabla\cdot(\boldsymbol{v}_1\times\boldsymbol{v}_2)$$

接下来处理式（6.34a）右端项。各元素为

$$\widetilde{G_1}J_2 = (-\boldsymbol{v}_1 - \mathrm{i}a_1)\left(-q_2 - \frac{\mathrm{i}}{c_0}\boldsymbol{f}_2\right)$$
$$= (\boldsymbol{v}_1 + \mathrm{i}a_1)\left(q_2 + \frac{\mathrm{i}}{c_0}\boldsymbol{f}_2\right) \qquad (6.37\mathrm{a})$$
$$= \boldsymbol{v}_1 q_2 + \mathrm{i}a_1 q_2 - \frac{\mathrm{i}}{c_0}\boldsymbol{v}_1\cdot\boldsymbol{f}_2 + \frac{\mathrm{i}}{c_0}\boldsymbol{v}_1\times\boldsymbol{f}_2 - \frac{a_1}{c_0}\boldsymbol{f}_2$$

$$\widetilde{J_1}G_2 = \left(-q_1 + \frac{\mathrm{i}}{c_0}\boldsymbol{f}_1\right)(\boldsymbol{v}_2 - \mathrm{i}a_2)$$
$$= -q_1\boldsymbol{v}_2 + \mathrm{i}q_1 a_2 - \frac{\mathrm{i}}{c_0}\boldsymbol{f}_1\cdot\boldsymbol{v}_2 + \frac{\mathrm{i}}{c_0}\boldsymbol{f}_1\times\boldsymbol{v}_2 + \frac{a_2}{c_0}\boldsymbol{f}_1 \qquad (6.37\mathrm{b})$$

于是式（6.34a）右端项化为

$$\widetilde{G_1}J_2 - \widetilde{J_1}G_2 = q_1\boldsymbol{v}_2 + \boldsymbol{v}_1 q_2 - \frac{1}{c_0}(a_1\boldsymbol{f}_2 + a_2\boldsymbol{f}_1)$$
$$+\mathrm{i}\left(a_1q_2 - q_1a_2 + \frac{1}{c_0}\boldsymbol{f}_1\cdot\boldsymbol{v}_2 - \frac{1}{c_0}\boldsymbol{v}_1\cdot\boldsymbol{f}_2\right) \qquad (6.38)$$
$$-\frac{\mathrm{i}}{c_0}(\boldsymbol{f}_1\times\boldsymbol{v}_2 + \boldsymbol{f}_2\times\boldsymbol{v}_1)$$

联合式（6.36）和式（6.38），有

$$\begin{aligned}&-\nabla\cdot\left(a_1a_2\boldsymbol{I}+\boldsymbol{v}_1\cdot\boldsymbol{v}_2\boldsymbol{I}-\boldsymbol{v}_1\boldsymbol{v}_2-\boldsymbol{v}_2\boldsymbol{v}_1\right)+\mathrm{i}\nabla\cdot\left(a_1\boldsymbol{v}_2\right)\\&-\mathrm{i}\nabla\cdot\left(a_2\boldsymbol{v}_1\right)-\mathrm{i}\nabla\times\left(a_1\boldsymbol{v}_2+a_2\boldsymbol{v}_1\right)-\nabla\cdot\left(\boldsymbol{v}_1\times\boldsymbol{v}_2\right)\\=&\,q_1\boldsymbol{v}_2+\boldsymbol{v}_1q_2-\frac{1}{c_0}\left(a_1\boldsymbol{f}_2+a_2\boldsymbol{f}_1\right)\\&+\mathrm{i}\left(a_1q_2-q_1a_2+\frac{1}{c_0}\boldsymbol{f}_1\cdot\boldsymbol{v}_2-\frac{1}{c_0}\boldsymbol{v}_1\cdot\boldsymbol{f}_2\right)\\&-\frac{\mathrm{i}}{c_0}\left(\boldsymbol{f}_1\times\boldsymbol{v}_2+\boldsymbol{f}_2\times\boldsymbol{v}_1\right)\end{aligned}\tag{6.39}$$

将式（6.39）乘以ρ_0，并将式中的a替换成$c_0\beta p$，有

$$\begin{aligned}&-\nabla\cdot\left(\beta p_1p_2\boldsymbol{I}+\rho_0\boldsymbol{v}_1\cdot\boldsymbol{v}_2\boldsymbol{I}-\rho_0\boldsymbol{v}_1\boldsymbol{v}_2-\rho_0\boldsymbol{v}_2\boldsymbol{v}_1\right)\\&+\frac{\mathrm{i}}{c_0}\nabla\cdot\left(p_1\boldsymbol{v}_2-p_2\boldsymbol{v}_1\right)-\frac{\mathrm{i}}{c_0}\nabla\times\left(p_1\boldsymbol{v}_2+p_2\boldsymbol{v}_1\right)\\&-\nabla\cdot\left(\rho_0\boldsymbol{v}_1\times\boldsymbol{v}_2\right)\\=&\,\rho_0q_1\boldsymbol{v}_2+\rho_0\boldsymbol{v}_1q_2-\left(\rho_1\boldsymbol{f}_2+\rho_2\boldsymbol{f}_1\right)\\&+\frac{\mathrm{i}}{c_0}\left(p_1q_2-p_2q_1+\rho_0\boldsymbol{f}_1\cdot\boldsymbol{v}_2-\rho_0\boldsymbol{f}_2\cdot\boldsymbol{v}_1\right)\\&-\frac{\mathrm{i}}{c_0}\left(\rho_0\boldsymbol{f}_1\times\boldsymbol{v}_2+\rho_0\boldsymbol{f}_2\times\boldsymbol{v}_1\right)\end{aligned}\tag{6.40}$$

式中用到了$\rho=p/c_0^2$。取式（6.40）的实标部、虚标部、实矢部和虚矢部，有

$$\nabla\cdot(\rho_0\boldsymbol{v}_1\times\boldsymbol{v}_2)=0\tag{6.41a}$$

$$\nabla\cdot\left(p_1\boldsymbol{v}_2-p_2\boldsymbol{v}_1\right)=p_1q_2-q_1p_2+\rho_0\boldsymbol{f}_1\cdot\boldsymbol{v}_2-\rho_0\boldsymbol{f}_2\cdot\boldsymbol{v}_1\tag{6.41b}$$

$$\nabla\cdot\left(\beta p_1 p_2 \boldsymbol{I}+\rho_0 \boldsymbol{v}_1\cdot\boldsymbol{v}_2\boldsymbol{I}-\rho_0\boldsymbol{v}_1\boldsymbol{v}_2-\rho_0\boldsymbol{v}_2\boldsymbol{v}_1\right) \\ =\rho_1\boldsymbol{f}_2+\rho_2\boldsymbol{f}_1-\rho_0 q_1\boldsymbol{v}_2-\rho_0\boldsymbol{v}_1 q_2 \quad (6.41c)$$

$$\nabla\times(p_1\boldsymbol{v}_2+p_2\boldsymbol{v}_1)=\rho_0(\boldsymbol{f}_1\times\boldsymbol{v}_2+\boldsymbol{f}_2\times\boldsymbol{v}_1) \quad (6.41d)$$

式（6.41a）是一个平凡互易方程，也就是说，式中不含有声源，且相互作用项只有一项，因此没有互易意义；式（6.41b）正是人们熟知的瑞利声场互易定理，它和能量守恒定律密切相关；式（6.41c）和声场动量守恒定律密切相关，故命名为声场动量互易定理；式（6.41d）也是一种互易定理，它正是式（4.16a）。到第 7 章，我们将声学与电磁学相互类比，就会发现，以上四个方程分别对应电磁学的 Feld-Tai 互易方程、洛仑兹互易方程，以及两个动量互易方程。因此，将式（6.41a）称为“声学中的 Feld-Tai 互易方程”亦无不可。

事实上式（6.41a）可以从声场运动方程直接导出。

频域方程为

$$\mathrm{j}\omega\rho_0\boldsymbol{v}_1=\rho_0\boldsymbol{f}_1-\nabla p_1 \quad (6.42)$$

式（6.42）两端叉积 $\boldsymbol{v}_2$，有

$$\mathrm{j}\omega\rho_0\boldsymbol{v}_1\times\boldsymbol{v}_2=\rho_0\boldsymbol{f}_1\times\boldsymbol{v}_2-\nabla p_1\times\boldsymbol{v}_2=\rho_0\boldsymbol{f}_1\times\boldsymbol{v}_2-\nabla\times(p_1\boldsymbol{v}_2) \quad (6.43)$$

对（6.43）式两边求散度，有

$$\nabla\cdot(\mathrm{j}\omega\rho_0\boldsymbol{v}_1\times\boldsymbol{v}_2)=\nabla\cdot(\rho_0\boldsymbol{f}_1\times\boldsymbol{v}_2) \quad (6.44)$$

若考虑无旋力，利用附录恒等式（B6），则有

$$\nabla\cdot\left(\rho_0\boldsymbol{v}_1\times\boldsymbol{v}_2\right)=0 \quad (6.45)$$

此即式（6.41a）。

这个结果是显而易见的，因为 $\nabla\times\boldsymbol{v}_1=0$，$\nabla\times\boldsymbol{v}_2=0$，对于均匀介质，利用附录恒等式（B6），式（6.45）可以化为

$$\rho_0\nabla\cdot\left(\boldsymbol{v}_1\times\boldsymbol{v}_2\right)=\rho_0\left[(\nabla\times\boldsymbol{v}_1)\cdot\boldsymbol{v}_2-\boldsymbol{v}_1\cdot(\nabla\times\boldsymbol{v}_2)\right]=0 \quad (6.46)$$

若交换式（6.44）中下角标 1 和 2，则有

$$\nabla\cdot(\mathrm{j}\omega\rho_0\boldsymbol{v}_2\times\boldsymbol{v}_1)=\nabla\cdot(\rho_0\boldsymbol{f}_2\times\boldsymbol{v}_2) \quad (6.47)$$

式（6.44）和式（6.47）相加，得到

$$\nabla\cdot(\rho_0\boldsymbol{f}_1\times\boldsymbol{v}_2+\rho_0\boldsymbol{f}_2\times\boldsymbol{v}_1)=0 \quad (6.48)$$

当然，式（6.48）也可由式（6.41d）两端求散度得到。此式亦可以看作一个声场互易方程。

6.5.2　四声场能-动量互易方程积分形式

取式（6.34b）积分，有

$$\int_V [\widetilde{F_1}(\partial G_2) - \widetilde{\partial F_1} G_2]\mathrm{d}V = \int_V (\widetilde{F_1} J_2 - \widetilde{J_1} F_2)\mathrm{d}V \tag{6.49}$$

式（6.49）左端项的被积函数无法直接写成四元数的散度形式，因而无法直接利用高斯散度定理将该体积分化成面积分。我们可以换一种处理方式，从式（6.49）对应的微分形式方程式（6.40）出发，将式（6.40）的左端项代入式（6.49）的左端项，利用高斯散度定理，有

$$\begin{aligned}
&\oint_S [-(\beta p_1 p_2 + \rho \boldsymbol{v}_1 \cdot \boldsymbol{v}_2)\boldsymbol{e}_n + \rho \boldsymbol{v}_1(\boldsymbol{v}_2 \cdot \boldsymbol{e}_n) + \rho \boldsymbol{v}_2(\boldsymbol{v}_1 \cdot \boldsymbol{e}_n)]\mathrm{d}S \\
&\quad + \frac{\mathrm{i}}{c_0}\oint_S (p_1 \boldsymbol{v}_2 \cdot \boldsymbol{e}_n - p_2 \boldsymbol{v}_1 \cdot \boldsymbol{e}_n)\mathrm{d}S \\
&\quad - \frac{\mathrm{i}}{c_0}\oint_S (p_1 \boldsymbol{e}_n \times \boldsymbol{v}_2 + p_2 \boldsymbol{e}_n \times \boldsymbol{v}_1)\mathrm{d}S \\
&\quad + \oint_S (\rho_0 \boldsymbol{e}_n \cdot \boldsymbol{v}_1 \times \boldsymbol{v}_2)\mathrm{d}S = \int_V (\widetilde{F_1} J_2 - \widetilde{J_1} F_2)\mathrm{d}V
\end{aligned} \tag{6.50}$$

式中，$\boldsymbol{e}_n$ 为闭合面的单位外法向矢量。式（6.50）可简写为

$$-\oint_S \widetilde{\boldsymbol{e}_n F_1} G_2 \,\mathrm{d}S = \int_V \left(\widetilde{F_1} J_2 - \widetilde{J_1} F_2\right)\mathrm{d}V \tag{6.51}$$

式（6.51）就是四声场能-动量互易方程的积分形式。式中，$\boldsymbol{e}_n$ 与 F_1 相乘，然后取四元共轭，再与 G_2 相乘后，作为方程左端面积分项的被积函数。需要注意，被积函数并不能表示成 $\boldsymbol{e}_n$ 与某个四元数直接相乘的形式，因此，式（6.49）左端体积分项的被积函数无法直接写成四元数的散度形式也就不足为奇。

下面验算一下式（6.51）的正确性。

单位外法向矢量 $\boldsymbol{e}_n$ 左乘 F_1 有

$$\boldsymbol{e}_n F_1 = \boldsymbol{e}_n(\rho_0 \boldsymbol{v}_1 - \frac{\mathrm{i}}{c_0} p_1) = -\rho_0 \boldsymbol{e}_n \cdot \boldsymbol{v}_1 + \rho_0 \boldsymbol{e}_n \times \boldsymbol{v}_1 - \frac{\mathrm{i}}{c_0} p_1 \boldsymbol{e}_n$$

取$\boldsymbol{e}_n F_1$的四元共轭，有

$$\widetilde{\boldsymbol{e}_n F_1} = -\rho_0 \boldsymbol{e}_n \cdot \boldsymbol{v}_1 - \rho_0 \boldsymbol{e}_n \times \boldsymbol{v}_1 + \frac{\mathrm{i}}{c_0} p_1 \boldsymbol{e}_n \tag{6.52}$$

进一步

$$\begin{aligned}\widetilde{-\boldsymbol{e}_n F_1} G_2 &= (\rho_0 \boldsymbol{e}_n \cdot \boldsymbol{v}_1 + \rho_0 \boldsymbol{e}_n \times \boldsymbol{v}_1 - \frac{\mathrm{i}}{c_0} p_1 \boldsymbol{e}_n)(\boldsymbol{v}_2 - \mathrm{i} c_0 \beta p_2) \\ &= \rho_0 \boldsymbol{e}_n \cdot (\boldsymbol{v}_1 \boldsymbol{v}_2) - \frac{\mathrm{i}}{c_0} p_2 (\boldsymbol{e}_n \cdot \boldsymbol{v}_1) - \rho_0 (\boldsymbol{e}_n \times \boldsymbol{v}_1) \cdot \boldsymbol{v}_2 \\ &\quad + \rho_0 (\boldsymbol{e}_n \times \boldsymbol{v}_1) \times \boldsymbol{v}_2 - \frac{\mathrm{i}}{c_0} p_2 (\boldsymbol{e}_n \times \boldsymbol{v}_1) \\ &\quad + \frac{\mathrm{i}}{c_0} p_1 (\boldsymbol{v}_2 \cdot \boldsymbol{e}_n) - \frac{\mathrm{i}}{c_0} p_1 (\boldsymbol{e}_n \times \boldsymbol{v}_2) - \beta p_1 p_2 \boldsymbol{e}_n\end{aligned} \tag{6.53}$$

利用

$$\boldsymbol{v}_2 \times (\boldsymbol{e}_n \times \boldsymbol{v}_1) = (\boldsymbol{v}_1 \cdot \boldsymbol{v}_2) \boldsymbol{e}_n - \boldsymbol{v}_1 (\boldsymbol{v}_2 \cdot \boldsymbol{e}_n)$$

$$(\boldsymbol{e}_n \times \boldsymbol{v}_1) \cdot \boldsymbol{v}_2 = \boldsymbol{e}_n \cdot (\boldsymbol{v}_1 \times \boldsymbol{v}_2)$$

$\widetilde{-\boldsymbol{e}_n F_1} G_2$进一步化为

$$\begin{aligned}\widetilde{-\boldsymbol{e}_n F_1} G_2 &= \rho_0 \boldsymbol{e}_n \cdot (\boldsymbol{v}_1 \boldsymbol{v}_2) - \frac{\mathrm{i}}{c_0} p_2 (\boldsymbol{e}_n \cdot \boldsymbol{v}_1) - \rho_0 (\boldsymbol{v}_1 \cdot \boldsymbol{v}_2) \boldsymbol{e}_n \\ &\quad + \rho_0 \boldsymbol{v}_1 (\boldsymbol{v}_2 \cdot \boldsymbol{e}_n) - \frac{\mathrm{i}}{c_0} p_2 (\boldsymbol{e}_n \times \boldsymbol{v}_1) \\ &\quad + \frac{\mathrm{i}}{c_0} p_1 (\boldsymbol{v}_2 \cdot \boldsymbol{e}_n) - \frac{\mathrm{i}}{c_0} p_1 (\boldsymbol{e}_n \times \boldsymbol{v}_2) - \beta p_1 p_2 \boldsymbol{e}_n\end{aligned} \tag{6.54}$$

式（6.54）与式（6.50）中面积分的被积函数相同，由此证得式（6.51）成立。

习　题

6.1　参考电磁学互易定理及反应项（Rumsey et al., 1954; Lindell et al., 2020; Liu et al., 2022a, 2022b; Liu et al., 2023），试讨论声学瑞利互易方程、动量互易方程和四元数声场能-动量互易方程中的反应项。

6.2　从电磁场互易方程的一般形式和声场互易方程的一般形式的一致性获得的启发是什么，试论述。

第 7 章　电磁学与声学中的互易方程类比

本章讨论了电磁学和声学场方程、亥姆霍兹方程、守恒方程以及互易方程的类比，最后采用与电磁场类似的推导方法，给出了由声场互易定理导出惠更斯原理的方法。

7.1　概　　述

电磁学和声学的类比方法的区别，主要是出发点不同。常见的电磁学量和声学量的类比，主要有两种处理方法。

方法一，以拉格朗日密度为出发点（Lucas et al.，2020）。如第 2 章所述，声学拉格朗日密度也是声压二阶项 p_2，为 $L=\frac{1}{2}\beta p^2-\frac{1}{2}\rho_0 v^2$，而电磁学拉格朗日密度为 $L=\frac{1}{2}\varepsilon_0 E^2-\frac{1}{2}\mu_0 H^2$，从拉格朗日密度出发，获得物理量的类比。

方法二，将电磁场方程写成流体力学形式（沈惠川等，2007），实际上是将电磁场的能量守恒方程和动量守恒方程作为“基本方程”，与声学的能量守恒方程类比（臧雨宸，2023）。声学能量守恒方程和动量守恒方程可分别参考式（2.42）和式（2.45），而电磁学对应的方程为

$$\frac{\partial}{\partial t}\left(\frac{1}{2}\mu \boldsymbol{H}^2+\frac{1}{2}\varepsilon \boldsymbol{E}^2\right)+\nabla\cdot(\boldsymbol{E}\times\boldsymbol{H})=-\boldsymbol{J}_{\mathrm{e}}\cdot\boldsymbol{E}-\boldsymbol{J}_{\mathrm{m}}\cdot\boldsymbol{H}$$

$$\frac{\partial}{\partial t}(\boldsymbol{D}\times\boldsymbol{B})+\boldsymbol{J}_{\mathrm{e}}\times\boldsymbol{B}+\rho_{\mathrm{e}}\boldsymbol{E}-\boldsymbol{J}_{\mathrm{m}}\times\boldsymbol{D}+\rho_{\mathrm{m}}\boldsymbol{H}$$
$$=-\nabla\cdot\left[\frac{1}{2}(\boldsymbol{B}\cdot\boldsymbol{H}+\boldsymbol{D}\cdot\boldsymbol{E})\boldsymbol{I}-\boldsymbol{D}\boldsymbol{E}-\boldsymbol{B}\boldsymbol{H}\right]$$

若以能量守恒方程比较，容易获得电磁学和声学的能量密度、能流密度等类比量，但若比较动量守恒方程，则很难理解电磁学动量流密度项中的 $\frac{1}{2}(\boldsymbol{B}\cdot\boldsymbol{H}+\boldsymbol{D}\cdot\boldsymbol{E})\boldsymbol{I}$ 为何对应声学动量流密度项中的 $\left(\frac{1}{2}\beta p^2-\frac{1}{2}\rho_0 v^2\right)\boldsymbol{I}$，前者是能量密度与单位并矢 $\boldsymbol{I}$ 乘积，而后者则是拉格朗日密度与单位并矢 $\boldsymbol{I}$ 乘积。

本章给出一种与前面两类不同的类比方法。从线性声场方程和真空中电磁场的两个旋度出发，将磁性源也考虑进来，分别用电性源和磁性源类比质量源和体积力源，而且还考虑了电荷源和磁荷源，从而获得所有物理量的一一类比。

7.2　物　理　量

线性声场方程为

$$\begin{cases}\dfrac{\partial}{\partial t}(\rho_0\boldsymbol{v})=-\nabla p+\rho_0\boldsymbol{f}\\[2mm]\dfrac{\partial}{\partial t}(\beta p)=-\nabla\cdot\boldsymbol{v}+q\end{cases}\tag{7.1}$$

真空中电磁场涉及两个旋度方程和两个散度方程，我们取两个旋度方程与声场方程类比，即

$$\begin{cases}\dfrac{\partial}{\partial t}(\mu_0\boldsymbol{H})=-\nabla\times\boldsymbol{E}-\boldsymbol{J}_{\mathrm{m}}\\[2mm]\dfrac{\partial}{\partial t}(\varepsilon_0\boldsymbol{E})=\nabla\times\boldsymbol{H}-\boldsymbol{J}_{\mathrm{e}}\end{cases}\tag{7.2}$$

式中，$\boldsymbol{E}$ 和 $\boldsymbol{H}$ 分别为电场强度和磁场强度，$\boldsymbol{J}_{\mathrm{e}}$ 和 $\boldsymbol{J}_{\mathrm{m}}$ 分别为电流密度和磁流密度，ε_0 和 μ_0 分别为介电常量和磁导率。

通过上面线性声学系统和电磁系统类比，可以得到如下类比量：

物质参数

$$
\begin{aligned}
&\rho_0 \Leftrightarrow \mu_0 \\
&\beta \Leftrightarrow \varepsilon_0
\end{aligned} \tag{7.3a}
$$

质量密度 ρ_0 和体积压缩系数 β 分别类比磁导率 μ_0 和介电常量 ε_0。

场量

$$
\begin{aligned}
&p \Leftrightarrow \boldsymbol{E} \\
&\boldsymbol{v} \Leftrightarrow \boldsymbol{H} \\
&\boldsymbol{g}_1 = (\rho_0 \boldsymbol{v}) \Leftrightarrow \boldsymbol{B} \\
&D = (\beta p) \Leftrightarrow \boldsymbol{D}
\end{aligned} \tag{7.3b}
$$

声压 p 类比电场强度 $\boldsymbol{E}$，速度 $\boldsymbol{v}$ 类比磁场强度 $\boldsymbol{H}$，一阶声场动量密度 $\boldsymbol{g}_1 = \rho_0 \boldsymbol{v}$ 类比磁通密度 $\boldsymbol{B}$，一阶质量密度与平衡质量密度比为 $\beta p = \rho / \rho_0 = p / (\rho_0 c_0^2)$，将其记为 D，类比电通密度 $\boldsymbol{D}$。

需要注意，这里标量 D 类比矢量 $\boldsymbol{D}$，后续还有多处标量与矢量类比，读者可根据符号判断，不再一一指出。

源量

$$
\begin{aligned}
&(\rho_0 \boldsymbol{f}) \Leftrightarrow -\boldsymbol{J}_{\mathrm{m}} \\
&q \Leftrightarrow -\boldsymbol{J}_{\mathrm{e}}
\end{aligned} \tag{7.3c}
$$

式中，$\rho_0 \boldsymbol{f}$ 和 q 分别为体积力源与质量源，$\boldsymbol{J}_{\mathrm{e}}$ 和 $\boldsymbol{J}_{\mathrm{m}}$ 分别为电流密度和磁流密度。对于电磁场，除了这两个流源量外，还包括两个荷源量，即电荷密度 ρ_{e} 和磁荷密度 ρ_{m}。在类比过程中，凡是涉及这两个荷源量，均利用电磁场散度方程

$$\begin{aligned}\nabla \cdot \boldsymbol{D} &= \rho_{\mathrm{e}} \\ \nabla \cdot \boldsymbol{B} &= \rho_{\mathrm{m}}\end{aligned} \tag{7.3d}$$

替代后，再进行类比。

需要注意，$(\rho_0 \boldsymbol{v})$、(βp) 和 $(\rho_0 \boldsymbol{f})$ 虽然是由两个符号组成的，但应视为一个基本量，而不是看作两个量运算后的导出量，为避免混淆，带着括号。

微分算子

$$\begin{aligned} grad\big|_{\mathrm{a}} &\Leftrightarrow curl\big|_{\mathrm{em}} \\ -div\big|_{\mathrm{a}} &\Leftrightarrow curl\big|_{\mathrm{em}} \\ \left.\frac{\partial}{\partial t}\right|_{\mathrm{a}} &\Leftrightarrow \left.\frac{\partial}{\partial t}\right|_{\mathrm{em}} \end{aligned} \tag{7.3e}$$

电磁学和声学的时间微分算子相同。如果旋度算子 *curl*（或 $\nabla \times \cdot$）作用的矢量电磁学量类比标量声学量，则电磁学的 *curl* 算子类比声学的梯度算子 *grad*（或 ∇），如果 *curl* 作用的矢量电磁学量类比矢量声学量，则 *curl* 算子类比散度算子的相反数，即 $-div$ 或（$-\nabla \cdot$）。例如

$$\begin{aligned} \nabla p &\Leftrightarrow \nabla \times \boldsymbol{E} \\ -\nabla \cdot \boldsymbol{v} &\Leftrightarrow \nabla \times \boldsymbol{H} \end{aligned} \tag{7.3f}$$

为获得正确的类比量，在类比过程中，应遵循如下声学运算法则：

法则一，矢量左乘标量等于矢量右乘标量的相反数。

法则二，标量与矢量的点乘或者叉乘视为合法运算，结果为零。

法则三，标量与标量叉乘视为合法运算，结果为零。

之所以约定声学运算法则一，是由于电磁量涉及矢量叉乘运算，对应声学量涉及标量与矢量相乘，为获得正确类比，矢量左乘标量和右乘标量应视为不同物理量，两者相差一个负号。当涉及此种类型运算时，应先将它们写成同样的形式再运算。例如：

$$a\boldsymbol{b} = -\boldsymbol{b}a$$

$$\boldsymbol{d}c + a\boldsymbol{b} = \boldsymbol{d}c - \boldsymbol{b}a$$

下面举例说明。

能量密度

$$\begin{aligned} w_{\mathrm{p}} &= \frac{1}{2}\beta p^2 & & & w_{\mathrm{e}} &= \frac{1}{2}\varepsilon_0 E^2 \\ & & &\Leftrightarrow & & \\ &= \frac{1}{2}Dp & & & &= \frac{1}{2}\boldsymbol{D}\cdot\boldsymbol{E} \\ w_{\mathrm{k}} &= \frac{1}{2}\rho_0 v^2 & & & w_{\mathrm{m}} &= \frac{1}{2}\mu_0 H^2 \\ & & &\Leftrightarrow & & \\ &= \frac{1}{2}\boldsymbol{g}_1\cdot\boldsymbol{v} & & & &= \frac{1}{2}\boldsymbol{B}\cdot\boldsymbol{H} \end{aligned} \tag{7.3g}$$

式中，w_{p} 和 w_{k} 分别为声场势能密度和动能密度，w_{e} 和 w_{m} 分别为电场能量密度和磁场能量密度

能流密度

$$\boldsymbol{S} = p\boldsymbol{v} \Leftrightarrow \boldsymbol{S} = \boldsymbol{E}\times\boldsymbol{H} \tag{7.3h}$$

力密度

$$\begin{aligned} -q(\rho_0\boldsymbol{v}) \quad &\Leftrightarrow \quad \boldsymbol{J}_{\mathrm{e}}\times\boldsymbol{B} \\ (\rho_0\boldsymbol{f})\cdot(\beta p) = -\boldsymbol{f}\rho = \rho\boldsymbol{f} \quad &\Leftrightarrow \quad \boldsymbol{J}_{\mathrm{m}}\times\boldsymbol{D} \end{aligned} \tag{7.3i}$$

式中利用了 $\beta = 1/(\rho_0 c_0^2)$ 和 $\rho = p/c_0^2$ 两式。

源功率密度

$$\begin{aligned}(\rho_0 \boldsymbol{f})\cdot \boldsymbol{v} \quad &\Leftrightarrow \quad -\boldsymbol{J}_{\mathrm{m}}\cdot \boldsymbol{H} \\ pq \quad &\Leftrightarrow \quad -\boldsymbol{J}_{\mathrm{e}}\cdot \boldsymbol{E}\end{aligned} \tag{7.3j}$$

动量密度

$$\boldsymbol{g}_2=\rho \boldsymbol{v}=(\beta p)(\rho_0 \boldsymbol{v}) \Leftrightarrow \boldsymbol{D}\times \boldsymbol{B} \tag{7.3k}$$

式中，$\boldsymbol{g}_2=\rho \boldsymbol{v}$ 为二阶声场动量密度，类比电磁场的动量密度。

利用声学运算法则二，有

$$\begin{aligned}-q\cdot(\rho_0 \boldsymbol{v})=0 \Leftrightarrow \boldsymbol{J}_{\mathrm{e}}\cdot \boldsymbol{B} \\ (\rho_0 \boldsymbol{f})\cdot(\beta p)=0 \Leftrightarrow \boldsymbol{J}_{\mathrm{m}}\cdot \boldsymbol{D}\end{aligned} \tag{7.3l}$$

利用声学运算法则三，有

$$-q\times(\beta p)=0 \Leftrightarrow \boldsymbol{J}_{\mathrm{e}}\times \boldsymbol{D} \tag{7.3m}$$

波速

$$c_0=\frac{1}{\sqrt{\beta \rho_0}} \Leftrightarrow c=\frac{1}{\sqrt{\mu_0 \varepsilon_0}} \tag{7.3n}$$

为了便于应用，将常用的电磁学与声学变换量列于表 7.1。

表 7.1　电磁学与声学变换量

声学	电磁学	声学	电磁学
grad	*curl*	p	$\boldsymbol{E}$
div	−*curl*	$\boldsymbol{v}$	$\boldsymbol{H}$
div	*div*	ρ_0	μ_0
$\frac{\partial}{\partial t}$	$\frac{\partial}{\partial t}$	β	ε_0
$(\rho_0 \boldsymbol{f})$	$-\boldsymbol{J}_{\mathrm{m}}$	q	$-\boldsymbol{J}_{\mathrm{e}}$
$\rho_0 \boldsymbol{v}$	$\mu_0 \boldsymbol{H}$	βp	$\varepsilon_0 \boldsymbol{E}$
$(\rho_0 \boldsymbol{f})\cdot \boldsymbol{v}$	$-\boldsymbol{J}_{\mathrm{m}}\cdot \boldsymbol{H}$	pq	$-\boldsymbol{J}_{\mathrm{e}}\cdot \boldsymbol{E}$
$-q(\rho_0 \boldsymbol{v})$	$\boldsymbol{J}_{\mathrm{e}}\times \boldsymbol{B}$	$\rho \boldsymbol{f}$	$\boldsymbol{J}_{\mathrm{m}}\times \boldsymbol{D}$

续表

声学	电磁学	声学	电磁学
$\rho\boldsymbol{v}$	$\boldsymbol{E}\times\boldsymbol{H}$	$\frac{1}{2}\beta p^2$	$\frac{1}{2}\varepsilon_0 E^2$
$\frac{1}{2}\rho_0 v^2$	$\frac{1}{2}\mu_0 H^2$	$\rho_0\beta$	$\mu_0\varepsilon_0$
$\rho\boldsymbol{v}$	$\boldsymbol{D}\times\boldsymbol{B}$	$\frac{1}{\sqrt{\beta\rho_0}}$	$\frac{1}{\sqrt{\mu_0\varepsilon_0}}$
$-q\cdot(\rho_0\boldsymbol{v})=0$	$\boldsymbol{J}_{\mathrm{e}}\cdot\boldsymbol{B}$	$(\rho_0\boldsymbol{f})\cdot(\beta p)=0$	$\boldsymbol{J}_{\mathrm{m}}\cdot\boldsymbol{D}$

7.3　亥姆霍兹方程

理想流体声压和质点振动速度满足的方程为

$$\nabla^2 p+k^2 p=\nabla\cdot(\rho_0\boldsymbol{f})+\mathrm{j}\omega\rho_0 q \tag{7.4a}$$

$$\nabla^2\boldsymbol{v}+k^2\boldsymbol{v}=-\mathrm{j}\omega\beta\rho_0\boldsymbol{f}+\nabla q \tag{7.4b}$$

式中，$k=\omega/c_0=\omega\sqrt{\beta\rho_0}$ 为波数，c_0 为声波速度。

用电磁学量代替声学量，即

$$p\Rightarrow\boldsymbol{E},\ (\rho_0\boldsymbol{f})\Rightarrow-\boldsymbol{J}_{\mathrm{m}},\ \rho_0\Rightarrow\mu_0,\ q\Rightarrow-\boldsymbol{J}_{\mathrm{e}},$$

$$\boldsymbol{v}\Rightarrow\boldsymbol{H},\ \beta\Rightarrow\varepsilon_0,\ k\Rightarrow k$$

有

$$\nabla^2\boldsymbol{E}+k^2\boldsymbol{E}=-\nabla\times\boldsymbol{J}_{\mathrm{m}}-\mathrm{j}\omega\mu_0\boldsymbol{J}_{\mathrm{e}} \tag{7.5a}$$

$$\nabla^2\boldsymbol{H}+k^2\boldsymbol{H}=-\mathrm{j}\omega\varepsilon_0\boldsymbol{J}_{\mathrm{m}}-\nabla\times\boldsymbol{J}_{\mathrm{e}} \tag{7.5b}$$

式中，$k=\omega/c=\omega\sqrt{\mu_0\varepsilon_0}$ 为波数，c 为真空中电磁波传播速度。

7.4　四元数场方程

四电磁场、四电流源、四电磁场微分算子和四电磁场方程为

$$G=\boldsymbol{H}-\mathrm{i}c\boldsymbol{D},\ J=\boldsymbol{J}_{\mathrm{e}}+\frac{\mathrm{i}}{c\mu_0}\boldsymbol{J}_{\mathrm{m}},$$

$$\partial=-\mathrm{i}\frac{1}{c}\frac{\partial}{\partial t}+\nabla\,,\quad \partial G=J \tag{7.6}$$

利用表 7.1，将式（7.6）电磁学量换为声学量

$$\boldsymbol{H}\Rightarrow\boldsymbol{v}\,,\quad \boldsymbol{D}\Rightarrow\beta p\,,\quad \boldsymbol{B}\Rightarrow\rho_0\boldsymbol{v}\,,\quad \boldsymbol{E}\Rightarrow\rho\,,\quad c\Rightarrow c_0\,,$$

$$\mu_0\Rightarrow\rho_0\,,\quad \boldsymbol{J}_{\mathrm{e}}\Rightarrow-q\,,\quad \boldsymbol{J}_{\mathrm{m}}\Rightarrow-\rho_0\boldsymbol{f}$$

得到四声场、四声源、四声场微分算子和四声场方程

$$G=\boldsymbol{v}-\mathrm{i}c_0\beta p\,,\quad J=-q-\frac{\mathrm{i}}{c_0}\boldsymbol{f}\,,$$

$$\partial=-\mathrm{i}\frac{1}{c_0}\frac{\partial}{\partial t}+\nabla\,,\quad \partial G=J \tag{7.7}$$

四声场方程与四电磁场方程形式一致。

7.5　守 恒 方 程

声场能量守恒方程为

$$\frac{\partial}{\partial t}\left(\frac{1}{2}\rho_0 v^2+\frac{1}{2}\beta p^2\right)+\nabla\cdot(p\boldsymbol{v})=\rho_0\boldsymbol{f}\cdot\boldsymbol{v}+pq \tag{7.8}$$

分别用磁场能量密度 $\frac{1}{2}\mu\boldsymbol{H}^2$ 和电场能量密度 $\frac{1}{2}\varepsilon\boldsymbol{E}^2$ 代替动能密度 $\frac{1}{2}\rho_0 v^2$ 和势能密度 $\frac{1}{2}\beta p^2$，电磁场能流密度 $\boldsymbol{E}\times\boldsymbol{H}$ 代替声场能量密度 $p\boldsymbol{v}$，磁源功率密度 $-\boldsymbol{J}_{\mathrm{m}}\cdot\boldsymbol{H}$ 代替力源功率密度 $\rho_0\boldsymbol{f}\cdot\boldsymbol{v}$，电源功率密度 $-\boldsymbol{J}_{\mathrm{e}}\cdot\boldsymbol{E}$ 代替质量源功率密度 pq，有

$$\frac{\partial}{\partial t}\left(\frac{1}{2}\mu\boldsymbol{H}^2+\frac{1}{2}\varepsilon\boldsymbol{E}^2\right)+\nabla\cdot(\boldsymbol{E}\times\boldsymbol{H})=-\boldsymbol{J}_{\mathrm{e}}\cdot\boldsymbol{E}-\boldsymbol{J}_{\mathrm{m}}\cdot\boldsymbol{H} \tag{7.9}$$

声场动量守恒定律

$$\frac{\partial}{\partial t}(\rho\boldsymbol{v})+\nabla\cdot\left[\left(\frac{1}{2}\beta p^2-\frac{1}{2}\rho_0 v^2\right)\boldsymbol{I}+\rho_0\boldsymbol{v}\boldsymbol{v}\right]$$

$$-q\rho_0\boldsymbol{v}-\rho\boldsymbol{f}=0 \tag{7.10}$$

由于

$$-\nabla\cdot\left(\frac{1}{2}\rho_0 v^2\boldsymbol{I}-\rho_0\boldsymbol{vv}\right)=\rho_0(\nabla\cdot\boldsymbol{v})\boldsymbol{v} \tag{7.11a}$$

$$\nabla\cdot\left(\frac{1}{2}\beta p^2\boldsymbol{I}\right)=\beta p\nabla p \tag{7.11b}$$

式（7.10）化为

$$\frac{\partial}{\partial t}(\rho\boldsymbol{v})+\beta p\nabla p+\rho_0(\nabla\cdot\boldsymbol{v})\boldsymbol{v}-q\rho_0\boldsymbol{v}-\rho\boldsymbol{f}=0 \tag{7.12}$$

注意式（7.10）～式（7.12）中各项均按左标右矢方式书写。

对式（7.12）作声学-电磁学变量替换

$$\rho\boldsymbol{v}\Rightarrow\boldsymbol{D}\times\boldsymbol{B}\,,\quad \beta p\Rightarrow\boldsymbol{D}\,,\quad \nabla p\Rightarrow\nabla\times\boldsymbol{E}\,,\quad \nabla\cdot\boldsymbol{v}\Rightarrow-\nabla\times\boldsymbol{H}$$

$$\rho_0\boldsymbol{v}\Rightarrow\boldsymbol{B}\,,\quad -q\Rightarrow\boldsymbol{J}_{\mathrm{e}}\,,\quad \rho\boldsymbol{f}\Rightarrow\boldsymbol{J}_{\mathrm{m}}\times\boldsymbol{D}$$

有

$$\frac{\partial}{\partial t}(\boldsymbol{D}\times\boldsymbol{B})+\boldsymbol{D}\times\nabla\times\boldsymbol{E}-(\nabla\times\boldsymbol{H})\times\boldsymbol{B}+\boldsymbol{J}_{\mathrm{e}}\times\boldsymbol{B}-\boldsymbol{J}_{\mathrm{m}}\times\boldsymbol{D}=0 \tag{7.13}$$

利用矢量恒等式

$$\nabla\cdot\left(\frac{1}{2}\boldsymbol{D}\cdot\boldsymbol{E}\boldsymbol{I}-\boldsymbol{DE}\right)=\boldsymbol{D}\times\nabla\times\boldsymbol{E}-\rho_{\mathrm{e}}\boldsymbol{E} \tag{7.14a}$$

$$\nabla\cdot\left(\frac{1}{2}\boldsymbol{B}\cdot\boldsymbol{H}\boldsymbol{I}-\boldsymbol{BH}\right)=\boldsymbol{B}\times\nabla\times\boldsymbol{H}-\rho_{\mathrm{m}}\boldsymbol{H} \tag{7.14b}$$

得到电磁场动量守恒方程

$$\begin{aligned}&\frac{\partial}{\partial t}(\boldsymbol{D}\times\boldsymbol{B})+\boldsymbol{J}_{\mathrm{e}}\times\boldsymbol{B}+\rho_{\mathrm{e}}\boldsymbol{E}-\boldsymbol{J}_{\mathrm{m}}\times\boldsymbol{D}+\rho_{\mathrm{m}}\boldsymbol{H}\\&+\nabla\cdot\left[\frac{1}{2}(\boldsymbol{B}\cdot\boldsymbol{H}+\boldsymbol{D}\cdot\boldsymbol{E})\boldsymbol{I}-\boldsymbol{DE}-\boldsymbol{BH}\right]=0\end{aligned} \tag{7.15}$$

7.6　互 易 方 程

声场互易定理和电磁场互易定理可以通过相互类比导出。尽管声场瑞利互易方程（Rayleigh，1873）早于电磁场洛伦兹互易方程（Lorentz，1896）被发现，但近年来两个电磁场动量互易方程已经被导出（刘国强等，2020），还没有声场动量互易方程，因此，本节从电磁场互易定理出发，导出声场互易方程。

7.6.1　洛伦兹/瑞利互易方程

洛伦兹互易定理为

$$\begin{aligned}&\nabla\cdot(\boldsymbol{E}_1\times\boldsymbol{H}_2-\boldsymbol{E}_2\times\boldsymbol{H}_1)\\&=-\boldsymbol{J}_{\mathrm{m}1}\cdot\boldsymbol{H}_2+\boldsymbol{J}_{\mathrm{m}2}\cdot\boldsymbol{H}_1-\boldsymbol{J}_{\mathrm{e}2}\cdot\boldsymbol{E}_1+\boldsymbol{J}_{\mathrm{e}1}\cdot\boldsymbol{E}_2\end{aligned}\tag{7.16a}$$

利用表 7.1，作声学-电磁学变量替换

$$\boldsymbol{E}\times\boldsymbol{H}\Rightarrow p\boldsymbol{v}\,,\quad -\boldsymbol{J}_{\mathrm{m}}\cdot\boldsymbol{H}\Rightarrow\rho_0\boldsymbol{f}\cdot\boldsymbol{v}\,,\quad \boldsymbol{J}_{\mathrm{e}}\cdot\boldsymbol{E}\Rightarrow -pq$$

可得到瑞利互易方程为

$$\nabla\cdot(p_1\boldsymbol{v}_2-p_2\boldsymbol{v}_1)=\rho_0\boldsymbol{f}_1\cdot\boldsymbol{v}_2-\rho_0\boldsymbol{f}_2\cdot\boldsymbol{v}_1+p_1q_2-p_2q_1\tag{7.16b}$$

电磁学中，洛伦兹互易定理源于电磁场能量守恒方程，声学中，瑞利互易定理源于声场能量守恒方程，二者均属于能量型互易方程。

7.6.2　动量互易方程

电磁场动量互易方程为

$$\begin{aligned}&\boldsymbol{J}_{\mathrm{e}1}\times\boldsymbol{B}_2+\boldsymbol{J}_{\mathrm{e}2}\times\boldsymbol{B}_1-\rho_{\mathrm{e}1}\boldsymbol{E}_2-\rho_{\mathrm{e}2}\boldsymbol{E}_1+\boldsymbol{J}_{\mathrm{m}1}\times\boldsymbol{D}_2\\&+\boldsymbol{J}_{\mathrm{m}2}\times\boldsymbol{D}_1+\rho_{\mathrm{m}1}\boldsymbol{H}_2+\rho_{\mathrm{m}2}\boldsymbol{H}_1\\&+\nabla\cdot(\boldsymbol{H}_1\cdot\boldsymbol{B}_2\boldsymbol{I}-\boldsymbol{H}_1\boldsymbol{B}_2-\boldsymbol{H}_2\boldsymbol{B}_1)\\&-\nabla\cdot(\boldsymbol{D}_1\cdot\boldsymbol{E}_2\boldsymbol{I}-\boldsymbol{D}_1\boldsymbol{E}_2-\boldsymbol{E}_2\boldsymbol{D}_1)=0\end{aligned}\tag{7.17}$$

如前所述，先将电磁场的荷源量用场方程替换后再进行电-声类比，利用附录恒等式（B1），有

$$
\begin{aligned}
&\nabla\cdot(\boldsymbol{H}_1\cdot\boldsymbol{B}_2\boldsymbol{I}-\boldsymbol{H}_1\boldsymbol{B}_2-\boldsymbol{H}_2\boldsymbol{B}_1)\\
&=\boldsymbol{B}_1\times\nabla\times\boldsymbol{H}_2+\boldsymbol{B}_2\times\nabla\times\boldsymbol{H}_1-\rho_{\mathrm{m}1}\boldsymbol{H}_2-\rho_{\mathrm{m}2}\boldsymbol{H}_1
\end{aligned}
\tag{7.18a}
$$

$$
\begin{aligned}
&\nabla\cdot(\boldsymbol{D}_1\cdot\boldsymbol{E}_2\boldsymbol{I}-\boldsymbol{D}_1\boldsymbol{E}_2-\boldsymbol{E}_2\boldsymbol{D}_1)\\
&=\boldsymbol{D}_1\times\nabla\times\boldsymbol{E}_2+\boldsymbol{D}_2\times\nabla\times\boldsymbol{E}_1-\rho_{\mathrm{e}1}\boldsymbol{E}_2-\rho_{\mathrm{e}2}\boldsymbol{E}_1
\end{aligned}
\tag{7.18b}
$$

式（7.17）化为

$$
\begin{aligned}
&\boldsymbol{J}_{\mathrm{e}1}\times\boldsymbol{B}_2+\boldsymbol{J}_{\mathrm{e}2}\times\boldsymbol{B}_1+\boldsymbol{J}_{\mathrm{m}1}\times\boldsymbol{D}_2+\boldsymbol{J}_{\mathrm{m}2}\times\boldsymbol{D}_1\\
&+\boldsymbol{B}_1\times\nabla\times\boldsymbol{H}_2+\boldsymbol{B}_2\times\nabla\times\boldsymbol{H}\\
&-\boldsymbol{D}_1\times\nabla\times\boldsymbol{E}_2-\boldsymbol{D}_2\times\nabla\times\boldsymbol{E}_1=0
\end{aligned}
\tag{7.19}
$$

将式（7.19）中电磁学量替换为声学量

$$
\boldsymbol{J}_{\mathrm{e}}\times\boldsymbol{B}\Rightarrow-q\rho_0\boldsymbol{v}\text{，}\quad\boldsymbol{J}_{\mathrm{m}}\times\boldsymbol{D}\Rightarrow\rho\boldsymbol{f}
$$

$$
\boldsymbol{B}\times\nabla\times\boldsymbol{H}\Rightarrow-\rho_0\boldsymbol{v}\nabla\cdot\boldsymbol{v}\text{，}\quad\boldsymbol{D}_1\times\nabla\times\boldsymbol{E}_2\Rightarrow\beta p\nabla p
$$

有

$$
\begin{aligned}
&-q_1\rho_0\boldsymbol{v}_2-q_2\rho_0\boldsymbol{v}_1+\rho_1\boldsymbol{f}_2+\rho_2\boldsymbol{f}_1\\
&-\rho_0\boldsymbol{v}_1\nabla\cdot\boldsymbol{v}_2-\rho_0\boldsymbol{v}_2\nabla\cdot\boldsymbol{v}_1-\beta p_1\nabla p_2-\beta p_2\nabla p_1=0
\end{aligned}
\tag{7.20}
$$

利用声学运算法则一，有

$$
-\rho_0\boldsymbol{v}_1\nabla\cdot\boldsymbol{v}_2=\rho_0(\nabla\cdot\boldsymbol{v}_2)\boldsymbol{v}_1
$$

$$
-\rho_0\boldsymbol{v}_2\nabla\cdot\boldsymbol{v}_1=\rho_0(\nabla\cdot\boldsymbol{v}_1)\boldsymbol{v}_2
$$

式（7.20）改写为

$$
\begin{aligned}
&-q_1\rho_0\boldsymbol{v}_2-q_2\rho_0\boldsymbol{v}_1+\rho_1\boldsymbol{f}_2+\rho_2\boldsymbol{f}_1+\rho_0(\nabla\cdot\boldsymbol{v}_2)\boldsymbol{v}_1\\
&+\rho_0(\nabla\cdot\boldsymbol{v}_1)\boldsymbol{v}_2-\beta p_1\nabla p_2-\beta p_2\nabla p_1=0
\end{aligned}
\tag{7.21}
$$

考虑到$\nabla\times\boldsymbol{v}=0$，利用附录恒等式（B1），有

$$
\begin{aligned}
&-\nabla\cdot(\rho_0\boldsymbol{v}_1\cdot\boldsymbol{v}_2\boldsymbol{I}-\rho_0\boldsymbol{v}_1\boldsymbol{v}_2-\rho_0\boldsymbol{v}_2\boldsymbol{v}_1)\\
&=\rho_0(\nabla\cdot\boldsymbol{v}_2)\boldsymbol{v}_1+\rho_0(\nabla\cdot\boldsymbol{v}_1)\boldsymbol{v}_2
\end{aligned}
$$

以及

$$
\nabla\cdot(\beta p_1p_2\boldsymbol{I})=\beta p_1\nabla p_2+\beta p_2\nabla p_1
$$

得到声场动量互易方程

$$
\begin{aligned}
&-q_1\rho_0\boldsymbol{v}_2-q_2\rho_0\boldsymbol{v}_1+\rho_1\boldsymbol{f}_2+\rho_2\boldsymbol{f}_1\\
&+\nabla\cdot\left[(-\beta p_1p_2-\rho_0\boldsymbol{v}_1\cdot\boldsymbol{v}_2)\boldsymbol{I}+\rho_0\boldsymbol{v}_1\boldsymbol{v}_2+\rho_0\boldsymbol{v}_2\boldsymbol{v}_1\right]=0
\end{aligned}
\tag{7.22}
$$

电磁学中，动量互易定理源于电磁场动量守恒方程，声学中，动量互易定理源于声场动量守恒方程，二者均属于动量型互易方程。

7.6.3　另一个动量互易方程

另一个电磁场动量互易方程为

$$
\begin{aligned}
&\boldsymbol{J}_{\mathrm{e}1}\times\boldsymbol{D}_2+\boldsymbol{J}_{\mathrm{e}2}\times\boldsymbol{D}_1+\rho_{\mathrm{e}1}\boldsymbol{H}_2+\rho_{\mathrm{e}2}\boldsymbol{H}_1-\varepsilon\boldsymbol{J}_{\mathrm{m}1}\times\boldsymbol{H}_2\\
&-\varepsilon\boldsymbol{J}_{\mathrm{m}2}\times\boldsymbol{H}_1+\frac{\rho_{\mathrm{m}1}}{\mu}\boldsymbol{D}_2+\frac{\rho_{\mathrm{m}2}}{\mu}\boldsymbol{D}_1\\
&+\nabla\cdot(\boldsymbol{H}_1\cdot\boldsymbol{D}_2\boldsymbol{I}-\boldsymbol{H}_1\boldsymbol{D}_2-\boldsymbol{D}_2\boldsymbol{H}_1)\\
&+\nabla\cdot(\boldsymbol{H}_2\cdot\boldsymbol{D}_1\boldsymbol{I}-\boldsymbol{H}_2\boldsymbol{D}_1-\boldsymbol{D}_1\boldsymbol{H}_2)=0
\end{aligned}
\tag{7.23}
$$

利用矢量恒等式

$$
\begin{aligned}
&\nabla\cdot(\boldsymbol{H}_1\cdot\boldsymbol{D}_2\boldsymbol{I}-\boldsymbol{H}_1\boldsymbol{D}_2-\boldsymbol{D}_2\boldsymbol{H}_1)\\
&=\boldsymbol{H}_1\times\nabla\times\boldsymbol{D}_2+\boldsymbol{D}_2\times\nabla\times\boldsymbol{H}_1-\rho_{\mathrm{e}2}\boldsymbol{H}_1-\frac{\rho_{\mathrm{m}1}}{\mu}\boldsymbol{D}_2\\
&\nabla\cdot(\boldsymbol{H}_2\cdot\boldsymbol{D}_1\boldsymbol{I}-\boldsymbol{H}_2\boldsymbol{D}_1-\boldsymbol{D}_1\boldsymbol{H}_2)\\
&=\boldsymbol{H}_2\times\nabla\times\boldsymbol{D}_1+\boldsymbol{D}_1\times\nabla\times\boldsymbol{H}_2-\rho_{\mathrm{e}1}\boldsymbol{H}_2-\frac{\rho_{\mathrm{m}2}}{\mu}\boldsymbol{D}_1
\end{aligned}
$$

式（7.23）中电磁场的荷源量已经替换为场量，有

$$
\begin{aligned}
&\boldsymbol{J}_{\mathrm{e}1}\times\boldsymbol{D}_2+\boldsymbol{J}_{\mathrm{e}2}\times\boldsymbol{D}_1-\varepsilon\boldsymbol{J}_{\mathrm{m}1}\times\boldsymbol{H}_2-\varepsilon\boldsymbol{J}_{\mathrm{m}2}\times\boldsymbol{H}_1\\
&+\boldsymbol{H}_1\times\nabla\times\boldsymbol{D}_2+\boldsymbol{D}_2\times\nabla\times\boldsymbol{H}_1\\
&+\boldsymbol{H}_2\times\nabla\times\boldsymbol{D}_1+\boldsymbol{D}_1\times\nabla\times\boldsymbol{H}_2=0
\end{aligned}
\tag{7.24}
$$

将式（7.24）中的电磁学量换为声学量

$$
\begin{aligned}
\boldsymbol{J}_{\mathrm{e}} \times \boldsymbol{D} \quad &\Rightarrow \quad -q \times (\beta p) = 0 \\
-\varepsilon \boldsymbol{J}_{\mathrm{m}} \times \boldsymbol{H} \quad &\Rightarrow \quad \beta(\rho_0 \boldsymbol{f}) \times \boldsymbol{v} \\
\boldsymbol{H} \times \nabla \times \boldsymbol{D} \quad &\Rightarrow \quad \boldsymbol{v} \times \beta \nabla p \\
\boldsymbol{D} \times \nabla \times \boldsymbol{H} \quad &\Rightarrow \quad (\beta p) \times (-\nabla \cdot \boldsymbol{v}) = 0
\end{aligned}
$$

有

$$\rho_0 \boldsymbol{f}_1 \times \boldsymbol{v}_2 + \rho_0 \boldsymbol{f}_2 \times \boldsymbol{v}_1 + \boldsymbol{v}_1 \times \nabla p_2 + \boldsymbol{v}_2 \times \nabla p_1 = 0 \tag{7.25}$$

即

$$\rho_0 \boldsymbol{f}_1 \times \boldsymbol{v}_2 + \rho_0 \boldsymbol{f}_2 \times \boldsymbol{v}_1 = \nabla \times (p_2 \boldsymbol{v}_1 + p_1 \boldsymbol{v}_2) \tag{7.26}$$

式（7.26）正是声学中的另一个动量互易方程，即式（4.16a）。

7.6.4　Feld–Tai/平凡互易方程

Feld-Tai 电磁场互易方程为

$$
\begin{aligned}
&\nabla \cdot (\boldsymbol{H}_1 \times \boldsymbol{B}_2 - \boldsymbol{E}_1 \times \boldsymbol{D}_2) \\
&= \boldsymbol{J}_{\mathrm{e}1} \cdot \boldsymbol{B}_2 + \boldsymbol{J}_{\mathrm{e}2} \cdot \boldsymbol{B}_1 + \boldsymbol{J}_{\mathrm{m}1} \cdot \boldsymbol{D}_2 - \boldsymbol{J}_{\mathrm{m}2} \cdot \boldsymbol{D}_1
\end{aligned} \tag{7.27}
$$

将式（7.27）中的电磁学量换成声学量

$$\boldsymbol{H} \times \boldsymbol{B} \Rightarrow \rho_0 \boldsymbol{v} \times \boldsymbol{v}, \quad \boldsymbol{E} \times \boldsymbol{D} \Rightarrow p \times \beta p$$

有

$$\nabla \cdot [\rho_0 \boldsymbol{v}_1 \times \boldsymbol{v}_2 - p_1 \times (\beta p_2)] = 0 \tag{7.28}$$

式中，$p_1 \times (\beta p_2)$ 涉及两个标量叉乘，按声学运算法则三，结果为零。

于是，得到

$$\nabla \cdot (\rho_0 \boldsymbol{v}_1 \times \boldsymbol{v}_2) = 0 \tag{7.29}$$

式（7.29）即式（6.41a），如前所述，式中不含源项，且相互作用量只有一项，没有互易意义，是一个平凡互易方程。

7.7　由互易定理导出惠更斯原理

惠更斯原理深刻揭示了波的形成和波的本质。惠更斯原理是将波前上的每一点作为一个新的波源，根据这些源在波传播方向上所产生场的叠加找出传播规律。惠更斯原理提供了一种场简化分析方法，可以不用考虑实际源分布，只需在闭合面上设置与实际源等效的惠更斯源来简化分析。由洛伦兹互易定理导出惠更斯原理，已经成为在电磁场教科书中的基础知识。与之相类比，由瑞利互易定理，可以导出声场的惠更斯原理。由电磁场动量互易定理可导出电磁场惠更斯原理（刘国强等，2022c），与之相类比，由声场动量互易定理可导出声场惠更斯原理。

7.7.1　由瑞利互易定理导出惠更斯原理

设实际体力源和质量源分别为 $\boldsymbol{f}_1$ 和 q_1，作闭合面 S_h，该闭合面围成的区域为 V_h。设 P 为 S_h 外一点，在 P 点放入一个单位点力源，可表示为

$$\boldsymbol{f}_2 = \boldsymbol{e}_p \delta(\boldsymbol{r} - \boldsymbol{r}_p) \tag{7.30}$$

作一个包围 P 点和 S_h 面的闭合面 S，体积为 V，如图 7.1 所示，假定满足 3.2 节中的三种特殊情况，即空间为无限空间、空间为有限空间并满足理想边界条件、空间为有限空间并满足阻抗边界条件。

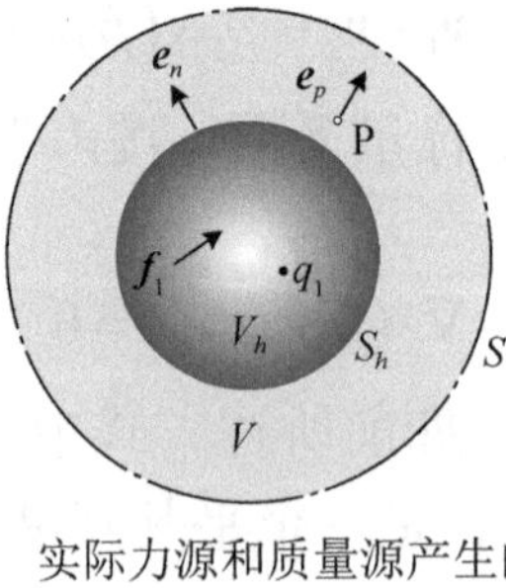

图 7.1　实际力源和质量源产生的声场

在区域 V 中，应用瑞利互易定理，并利用 δ 函数性质，有

$$\begin{aligned}&\int_V (\rho_0 \boldsymbol{f}_1 \cdot \boldsymbol{v}_2 - p_2 q_1)\mathrm{d}V \\ &= \int_V \rho_0 \boldsymbol{e}_p \cdot \boldsymbol{v}_1 \delta(\boldsymbol{r} - \boldsymbol{r}_p)\mathrm{d}V = \rho_0 \boldsymbol{e}_p \cdot \boldsymbol{v}_1(\boldsymbol{r}_p)\end{aligned} \tag{7.31}$$

图中 S_h 为惠更斯面。下面确定 S_h 面上惠更斯源密度。

将实际源拿走，在 S_h 面上放置等效的面力源 $\boldsymbol{f}_s$ 和面质量源 q_s，如图 7.2 所示。

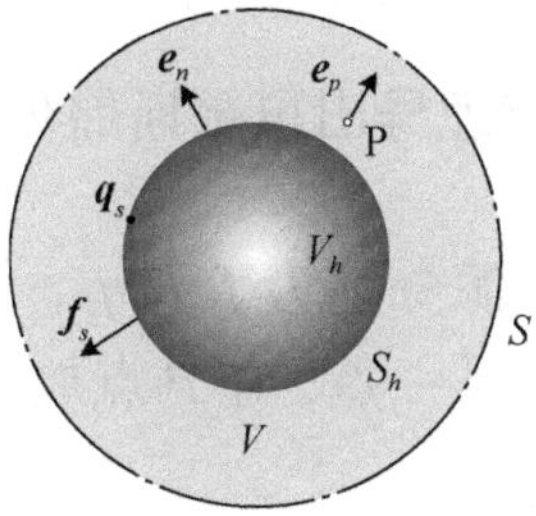

图 7.2　惠更斯面力源和面质量源产生的声场

在区域 V 中，有

$$\int_V (\rho_0 \boldsymbol{f}_1 \cdot \boldsymbol{v}_2 - p_2 q_1) \mathrm{d}V = \oint_{S_h} (\rho_0 \boldsymbol{f}_s \cdot \boldsymbol{v}_2 - p_2 q_s) \mathrm{d}S \tag{7.32}$$

应用瑞利互易定理，有

$$\oint_{S_h} \left(\rho_0 \boldsymbol{f}_s \cdot \boldsymbol{v}_2 - p_2 q_s\right) \mathrm{d}S = \boldsymbol{e}_p \cdot \boldsymbol{v}_{h1}(\boldsymbol{r}_p) \tag{7.33}$$

式中，$\boldsymbol{v}_{h1}(\boldsymbol{r}_p)$ 是惠更斯面上的等效源产生的振动速度。

由于 $\boldsymbol{f}_s$ 和 q_s 是实际源的等效源，由 $\boldsymbol{e}_p$ 的任意性，必有

$$\boldsymbol{v}_1(\boldsymbol{r}_p) = \boldsymbol{v}_{h1}(\boldsymbol{r}_p) \tag{7.34}$$

在区域 V_h 中，应用瑞利互易定理，有

$$\int_{V_h} \left(\rho_0 \boldsymbol{f}_1 \cdot \boldsymbol{v}_2 - p_2 q_1\right) \mathrm{d}V = \oint_{S_h} \left(p_1 \boldsymbol{e}_n \cdot \boldsymbol{v}_2 - p_2 \boldsymbol{e}_n \cdot \boldsymbol{v}_1\right) \mathrm{d}S \tag{7.35}$$

式（7.31）和式（7.35）的体积分相等，有

$$\oint_{S_h} \left(p_1 \boldsymbol{e}_n \cdot \boldsymbol{v}_2 - p_2 \boldsymbol{e}_n \cdot \boldsymbol{v}_1\right) \mathrm{d}S = \boldsymbol{e}_p \cdot \boldsymbol{v}_1(\boldsymbol{r}_p) \tag{7.36}$$

利用式（7.34），可知式（7.33）和（7.36）的面积分相等，即

$$\oint_{S_h} \left(\rho_0 \boldsymbol{f}_s \cdot \boldsymbol{v}_2 - p_2 q_s\right) \mathrm{d}S = \oint_{S_h} \left(p_1 \boldsymbol{e}_n \cdot \boldsymbol{v}_2 - p_2 \boldsymbol{e}_n \cdot \boldsymbol{v}_1\right) \mathrm{d}S \tag{7.37}$$

比较式（7.37）两端，可确定惠更斯源的密度为

$$\rho_0 \boldsymbol{f}_s = p_1 \boldsymbol{e}_n \tag{7.38a}$$

$$q_s = \boldsymbol{e}_n \cdot \boldsymbol{v}_1 \tag{7.38b}$$

式（7.38）和式（7.34）表示，惠更斯面上具有上述的等效面力

源和等效面质量源，就可以在惠更斯面外产生相同的振动速度。类似的处理方法，通过在 P 点放入一个单位点质量源，可证明在式（7.37）的条件下，惠更斯面外产生相同的声压。

7.7.2　由动量互易定理导出惠更斯原理

设实际体力源和质量源分别为 $\boldsymbol{f}_1$ 和 q_1，作闭合面 S_h，该闭合面围成的区域为 V_h。设 P 为 S_h 外一点，在 P 点放入一个单位点力源和一个单位点质量源，可表示为

$$\boldsymbol{f}_2 = \boldsymbol{e}_p\delta(\boldsymbol{r}-\boldsymbol{r}_p) \tag{7.39a}$$

$$q_2 = \delta(\boldsymbol{r}-\boldsymbol{r}_p) \tag{7.39b}$$

取一个包围 P 点和 S_h 面的闭合面 S，体积为 V，如图 7.1 所示。在区域 V 中，应用动量互易定理，并利用 δ 函数性质，有

$$\begin{aligned}
&\int_V \left(-\frac{1}{c_0^2}\boldsymbol{f}_1 p_2 + \rho_0 q_1 \boldsymbol{v}_2\right)\mathrm{d}V \\
&= \int_V \left[\frac{1}{c_0^2}\boldsymbol{f}_2 p_1 - \rho_0 q_2 \boldsymbol{v}_1\right]\mathrm{d}V \\
&= \int_V \left[\frac{1}{c_0^2}\boldsymbol{e}_p\delta(\boldsymbol{r}-\boldsymbol{r}_p)p_1 - \rho_0\delta(\boldsymbol{r}-\boldsymbol{r}_p)\boldsymbol{v}_1\right]\mathrm{d}V \\
&= \frac{1}{c_0^2}\boldsymbol{e}_p p_1(\boldsymbol{r}_p) - \rho_0\boldsymbol{v}_1(\boldsymbol{r}_p)
\end{aligned} \tag{7.40}$$

式中，$\boldsymbol{v}_1(\boldsymbol{r}_p)$ 和 $p_1(\boldsymbol{r}_p)$ 分别为实际源产生的振动速度和声压。

下面确定 S_h 面上惠更斯源密度。将实际源拿走，在 S_h 面上放置等效的源 $\boldsymbol{f}_s$ 和 q_s，如图 7.2 所示。

在区域 V 中，有

$$\int_V \left(-\frac{1}{c_0^2}\boldsymbol{f}_1 p_2 + \rho_0 q_1 \boldsymbol{v}_2\right)\mathrm{d}V = \oint_{S_h}\left(-\frac{1}{c_0^2}\boldsymbol{f}_s p_2 + \rho_0 q_s \boldsymbol{v}_2\right)\mathrm{d}S \tag{7.41}$$

应用动量互易定理，有

$$\oint_{S_h}\left(-\frac{1}{c_0^2}\boldsymbol{f}_s p_2+\rho_0 q_s \boldsymbol{v}_2\right)\mathrm{d}S=\frac{1}{c_0^2}\boldsymbol{e}_p p_{h1}(\boldsymbol{r}_p)-\rho_0\boldsymbol{v}_{h1}(\boldsymbol{r}_p) \quad (7.42)$$

式中，$\boldsymbol{v}_1(\boldsymbol{r}_p)$ 和 $p_1(\boldsymbol{r}_p)$ 分别为惠更斯面上的等效源产生的振动速度和声压。

由于 $\boldsymbol{f}_s$ 和 q_s 是实际源的等效源，必有

$$\frac{1}{c_0^2}\boldsymbol{e}_p p_1(\boldsymbol{r}_p)-\rho_0\boldsymbol{v}_1(\boldsymbol{r}_p)=\frac{1}{c_0^2}\boldsymbol{e}_p p_{h1}(\boldsymbol{r}_p)-\rho_0\boldsymbol{v}_{h1}(\boldsymbol{r}_p) \quad (7.43)$$

考虑到 $\boldsymbol{e}_p$ 方向的任意性，有

$$p_1(\boldsymbol{r}_p)=p_{h1}(\boldsymbol{r}_p) \quad (7.44a)$$

$$\boldsymbol{v}_1(\boldsymbol{r}_p)=\boldsymbol{v}_{h1}(\boldsymbol{r}_p) \quad (7.44b)$$

在 V_h 区域使用动量互易定理，有

$$\begin{aligned}&\int_{V_h}\left(-\frac{1}{c_0^2}\boldsymbol{f}_1 p_2+\rho_0 q_1\boldsymbol{v}_2\right)\mathrm{d}V\\&=-\oint_{S_h}\left[(\beta p_1 p_2+\rho_0\boldsymbol{v}_1\cdot\boldsymbol{v}_2)\boldsymbol{e}_n-\rho_0\boldsymbol{e}_n\cdot\boldsymbol{v}_1\boldsymbol{v}_2-\rho_0\boldsymbol{e}_n\cdot\boldsymbol{v}_2\boldsymbol{v}_1\right]\mathrm{d}S\end{aligned} \quad (7.45)$$

式（7.40）和式（7.45）的体积分相等，有

$$\begin{aligned}&\oint_{S_h}\left[(\beta p_1 p_2+\rho_0\boldsymbol{v}_1\cdot\boldsymbol{v}_2)\boldsymbol{e}_n-\rho_0\boldsymbol{e}_n\cdot\boldsymbol{v}_1\boldsymbol{v}_2-\rho_0\boldsymbol{e}_n\cdot\boldsymbol{v}_2\boldsymbol{v}_1\right]\mathrm{d}S\\&=\frac{1}{c_0^2}\boldsymbol{e}_p p_1(\boldsymbol{r}_p)-\rho_0\boldsymbol{v}_1(\boldsymbol{r}_p)\end{aligned} \quad (7.46)$$

利用式（7.44），可知式（7.42）和（7.46）的面积分相等，即

$$\begin{aligned}&\oint_{S_h}\left(-\frac{1}{c_0^2}\boldsymbol{f}_s p_2+\rho_0 q_s\boldsymbol{v}_2\right)\mathrm{d}S\\&=\oint_{S_h}\left[-(\beta p_1 p_2+\rho_0\boldsymbol{v}_1\cdot\boldsymbol{v}_2)\boldsymbol{e}_n+\rho_0\boldsymbol{e}_n\cdot\boldsymbol{v}_1\boldsymbol{v}_2+\rho_0\boldsymbol{e}_n\cdot\boldsymbol{v}_2\boldsymbol{v}_1\right]\mathrm{d}S\end{aligned} \quad (7.47)$$

利用恒等式

$$\boldsymbol{a}\times(\boldsymbol{b}\times\boldsymbol{c})=\boldsymbol{b}(\boldsymbol{a}\cdot\boldsymbol{c})-\boldsymbol{c}(\boldsymbol{a}\cdot\boldsymbol{b})$$

有

$$-\boldsymbol{v}_1 \cdot \boldsymbol{v}_2 \boldsymbol{e}_n + \boldsymbol{e}_n \cdot \boldsymbol{v}_2 \boldsymbol{v}_1 = (\boldsymbol{e}_n \times \boldsymbol{v}_1) \times \boldsymbol{v}_2 \tag{7.48}$$

将式（7.48）代入式（7.47）有

$$\begin{aligned}&\oint_{S_h}\left(-\frac{1}{c_0^2}\boldsymbol{f}_s p_2 + \rho_0 q_s \boldsymbol{v}_2\right)\mathrm{d}S \\ &= \oint_{S_h}\left[(-\beta p_1 p_2)\boldsymbol{e}_n + \rho_0(\boldsymbol{e}_n \times \boldsymbol{v}_1)\times \boldsymbol{v}_2 + \rho_0 \boldsymbol{e}_n \cdot \boldsymbol{v}_1 \boldsymbol{v}_2\right]\mathrm{d}S\end{aligned} \tag{7.49}$$

比较式（7.49）两端，按 p_2 和 $\boldsymbol{v}_2$ 整理，并注意到等号右端 $\boldsymbol{v}_2$ 相关项有两项，其中一项为标量与 $\boldsymbol{v}_2$ 相乘，另一项为矢量与 $\boldsymbol{v}_2$ 叉乘，可知惠更斯源密度为

$$\rho_0 \boldsymbol{f}_s = p_1 \boldsymbol{e}_n \tag{7.50a}$$

$$q_s = \boldsymbol{e}_n \cdot \boldsymbol{v}_1 \tag{7.50b}$$

且在闭合面 S_h 上，有

$$\boldsymbol{e}_n \times \boldsymbol{v}_1 = 0 \tag{7.51}$$

式（7.51）的成立是显然的，这是因为 $\nabla \times \boldsymbol{v}_1 = 0$，在 V_h 区域使用旋度定理，有

$$\int_{V_h} \nabla \times \boldsymbol{v}_1 \mathrm{d}V = \oint_{S_h} \boldsymbol{e}_n \times \boldsymbol{v}_1 \mathrm{d}S = 0$$

由于闭合面是任意选取的，自然有 $\boldsymbol{e}_n \times \boldsymbol{v}_1$ 在 S_h 面上为零。

式（7.50）和式（7.44）表示，对惠更斯面 S_h 外的场点 P，要产生相同的声压和振动速度，S_h 面上应放置惠更斯面力源 $\boldsymbol{f}_s$ 和面质量源 q_s。

习　题

7.1　试采用电磁学与声学类比的方法，利用时域电磁场能量型互易方程导出时域声场能量型互易方程。

7.2　试采用电磁学与声学类比的方法，利用时域电磁场动量型互易方程导出时域声场动量型互易方程。

7.3　试利用四声场能-动量互易方程导出声学中的惠更斯原理。

第 8 章　电磁场-声场互易方程一般形式

电磁场互易定理的一般形式（刘国强等，2022a，2022b）和声场互易定理的一般形式是一致的，而且电磁学与声学的互易方程可以相互类比。因此，本章将从更一般的四元数场方程出发，导出四元数场互易方程的微分形式和积分形式，电磁场和声场均符合四元数场互易方程。

8.1　四元数场方程

定义如下四场量

$$G = a + b\mathrm{i} + \boldsymbol{P} + \boldsymbol{Q}\mathrm{i} \tag{8.1}$$

与四源量

$$J = e + f\mathrm{i} + \boldsymbol{K} + \boldsymbol{M}\mathrm{i} \tag{8.2}$$

式中，i 为虚数单位。

定义四微分算子

$$\partial = -\frac{\mathrm{i}}{c}\frac{\partial}{\partial t} + \nabla \tag{8.3}$$

则四元数场方程可表示为

$$\partial G = J \tag{8.4}$$

将四元数场方程展开，有

$$\begin{aligned}\partial G &= \left(-\frac{\mathrm{i}}{c}\frac{\partial}{\partial t} + \nabla\right)(a + b\mathrm{i} + \boldsymbol{P} + \boldsymbol{Q}\mathrm{i}) \\ &= -\frac{\mathrm{i}}{c}\frac{\partial a}{\partial t} + \frac{1}{c}\frac{\partial b}{\partial t} - \frac{\mathrm{i}}{c}\frac{\partial \boldsymbol{P}}{\partial t} + \frac{1}{c}\frac{\partial \boldsymbol{Q}}{\partial t} + \nabla a + \mathrm{i}\nabla b \\ &\quad - \nabla\cdot\boldsymbol{P} + \nabla\times\boldsymbol{P} - \mathrm{i}\nabla\cdot\boldsymbol{Q} + \mathrm{i}\nabla\times\boldsymbol{Q} = e + f\mathrm{i} + \boldsymbol{K} + \boldsymbol{M}\mathrm{i}\end{aligned} \tag{8.5}$$

分别取出四元数场方程的实标部、虚标部、实矢部和虚矢部，有

$$\frac{1}{c}\frac{\partial b}{\partial t}-\nabla\cdot\boldsymbol{P}=e \tag{8.6a}$$

$$-\frac{1}{c}\frac{\partial a}{\partial t}-\nabla\cdot\boldsymbol{Q}=f \tag{8.6b}$$

$$\frac{1}{c}\frac{\partial \boldsymbol{Q}}{\partial t}+\nabla a+\nabla\times\boldsymbol{P}=\boldsymbol{K} \tag{8.6c}$$

$$-\frac{1}{c}\frac{\partial \boldsymbol{P}}{\partial t}+\nabla b+\nabla\times\boldsymbol{Q}=\boldsymbol{M} \tag{8.6d}$$

8.2　四元数场互易方程微分形式

8.2.1　四元数场互易方程微分形式的导出

两组场方程为

$$\partial G_1=J_1 \tag{8.7a}$$

$$\partial G_2=J_2 \tag{8.7b}$$

四元数场互易方程为

$$\widetilde{G_1}(\nabla G_2)-\widetilde{\nabla G_1}G_2=\widetilde{G_1}J_2-\widetilde{J_1}G_2 \tag{8.8}$$

下面展开式（8.8）。

场 1 及其四元共轭为

$$G_1=a_1+b_1\mathrm{i}+\boldsymbol{P}_1+\boldsymbol{Q}_1\mathrm{i} \tag{8.9a}$$

$$\widetilde{G_1}=a_1+b_1\mathrm{i}-\boldsymbol{P}_1-\boldsymbol{Q}_1\mathrm{i} \tag{8.9b}$$

场 2 的梯度以及场 1 梯度的四元共轭为

$$\nabla G_2=\nabla a_2+\nabla b_2\mathrm{i}-\nabla\cdot\boldsymbol{P}_2+\nabla\times\boldsymbol{P}_2-\nabla\cdot\boldsymbol{Q}_2\mathrm{i}+\nabla\times\boldsymbol{Q}_2\mathrm{i} \tag{8.10a}$$

$$\widetilde{\nabla G_1}=-\nabla a_1-\nabla b_1\mathrm{i}-\nabla\cdot\boldsymbol{P}_1-\nabla\times\boldsymbol{P}_1-\nabla\cdot\boldsymbol{Q}_1\mathrm{i}-\nabla\times\boldsymbol{Q}_1\mathrm{i} \tag{8.10b}$$

则式（8.8）的左端项为

$$
\begin{aligned}
&\widetilde{G}_1(\nabla G_2)-\widetilde{\nabla G_1}G_2\\
=&-\nabla\cdot(a_1\boldsymbol{P}_2-a_2\boldsymbol{P}_1-b_1\boldsymbol{Q}_2+b_2\boldsymbol{Q}_1+\boldsymbol{P}_1\times\boldsymbol{P}_2-\boldsymbol{Q}_1\times\boldsymbol{Q}_2)\\
&+\mathrm{i}\nabla\cdot(-b_1\boldsymbol{P}_2+b_2\boldsymbol{P}_1-a_1\boldsymbol{Q}_2+a_2\boldsymbol{Q}_1-\boldsymbol{P}_1\times\boldsymbol{Q}_2+\boldsymbol{P}_2\times\boldsymbol{Q}_1)\\
&+\nabla\times(a_1\boldsymbol{P}_2+a_2\boldsymbol{P}_1-b_1\boldsymbol{Q}_2-b_2\boldsymbol{Q}_1)\\
&+\nabla\cdot[(a_1a_2-b_1b_2-\boldsymbol{P}_1\cdot\boldsymbol{P}_2+\boldsymbol{Q}_1\cdot\boldsymbol{Q}_2)\boldsymbol{I}+\boldsymbol{P}_1\boldsymbol{P}_2+\boldsymbol{P}_2\boldsymbol{P}_1-\boldsymbol{Q}_1\boldsymbol{Q}_2-\boldsymbol{Q}_2\boldsymbol{Q}_1]\\
&+\mathrm{i}\nabla\times(a_1\boldsymbol{Q}_2+a_2\boldsymbol{Q}_1+b_1\boldsymbol{P}_2+b_2\boldsymbol{P}_1)\\
&+\mathrm{i}\nabla\cdot[(a_1b_2+a_2b_1-\boldsymbol{Q}_1\cdot\boldsymbol{P}_2-\boldsymbol{Q}_2\cdot\boldsymbol{P}_1)\boldsymbol{I}+\boldsymbol{Q}_1\boldsymbol{P}_2+\boldsymbol{P}_2\boldsymbol{Q}_1+\boldsymbol{Q}_2\boldsymbol{P}_1+\boldsymbol{P}_1\boldsymbol{Q}_2]
\end{aligned}
\tag{8.11}
$$

源 1 及其四元共轭为

$$J_1=e_1+f_1\mathrm{i}+\boldsymbol{K}_1+\boldsymbol{M}_1\mathrm{i} \tag{8.12}$$

$$\widetilde{J}_1=e_1+f_1\mathrm{i}-\boldsymbol{K}_1-\boldsymbol{M}_1\mathrm{i} \tag{8.13}$$

则式（8.8）的右端项为

$$
\begin{aligned}
&\widetilde{G}_1J_2-\widetilde{J}_1G_2\\
=&a_1e_2-a_2e_1-b_1f_2+b_2f_1+\boldsymbol{P}_1\cdot\boldsymbol{K}_2-\boldsymbol{P}_2\cdot\boldsymbol{K}_1-\boldsymbol{Q}_1\cdot\boldsymbol{M}_2+\boldsymbol{Q}_2\cdot\boldsymbol{M}_1\\
&+\mathrm{i}(a_1f_2-a_2f_1+b_1e_2-b_2e_1+\boldsymbol{P}_1\cdot\boldsymbol{M}_2-\boldsymbol{P}_2\cdot\boldsymbol{M}_1-\boldsymbol{K}_1\cdot\boldsymbol{Q}_2+\boldsymbol{K}_2\cdot\boldsymbol{Q}_1)\\
&+(a_1\boldsymbol{K}_2+a_2\boldsymbol{K}_1-b_1\boldsymbol{M}_2-b_2\boldsymbol{M}_1-e_1\boldsymbol{P}_2-e_2\boldsymbol{P}_1+f_1\boldsymbol{Q}_2+f_2\boldsymbol{Q}_1\\
&+\boldsymbol{K}_1\times\boldsymbol{P}_2+\boldsymbol{K}_2\times\boldsymbol{P}_1-\boldsymbol{M}_1\times\boldsymbol{Q}_2-\boldsymbol{M}_2\times\boldsymbol{Q}_1)\\
&+\mathrm{i}(a_1\boldsymbol{M}_2+a_2\boldsymbol{M}_1+b_1\boldsymbol{K}_2+b_2\boldsymbol{K}_1-f_1\boldsymbol{P}_2-f_2\boldsymbol{P}_1-e_1\boldsymbol{Q}_2-e_2\boldsymbol{Q}_1\\
&-\boldsymbol{Q}_1\times\boldsymbol{K}_2-\boldsymbol{Q}_2\times\boldsymbol{K}_1-\boldsymbol{P}_1\times\boldsymbol{M}_2-\boldsymbol{P}_2\times\boldsymbol{M}_1)
\end{aligned}
\tag{8.14}
$$

联合式（8.11）和式（8.14），有

$$
\begin{aligned}
&-\nabla\cdot(a_1\boldsymbol{P}_2-a_2\boldsymbol{P}_1-b_1\boldsymbol{Q}_2+b_2\boldsymbol{Q}_1+\boldsymbol{P}_1\times\boldsymbol{P}_2-\boldsymbol{Q}_1\times\boldsymbol{Q}_2)\\
&+\mathrm{i}\nabla\cdot(-b_1\boldsymbol{P}_2+b_2\boldsymbol{P}_1-a_1\boldsymbol{Q}_2+a_2\boldsymbol{Q}_1-\boldsymbol{P}_1\times\boldsymbol{Q}_2+\boldsymbol{P}_2\times\boldsymbol{Q}_1)\\
&+\nabla\times(a_1\boldsymbol{P}_2+a_2\boldsymbol{P}_1-b_1\boldsymbol{Q}_2-b_2\boldsymbol{Q}_1)\\
&+\nabla\cdot[(a_1a_2-b_1b_2-\boldsymbol{P}_1\cdot\boldsymbol{P}_2+\boldsymbol{Q}_1\cdot\boldsymbol{Q}_2)\boldsymbol{I}+\boldsymbol{P}_1\boldsymbol{P}_2+\boldsymbol{P}_2\boldsymbol{P}_1-\boldsymbol{Q}_1\boldsymbol{Q}_2-\boldsymbol{Q}_2\boldsymbol{Q}_1]\\
&+\mathrm{i}\nabla\times(a_1\boldsymbol{Q}_2+a_2\boldsymbol{Q}_1+b_1\boldsymbol{P}_2+b_2\boldsymbol{P}_1)\\
&+\mathrm{i}\nabla\cdot[(a_1b_2+a_2b_1-\boldsymbol{Q}_1\cdot\boldsymbol{P}_2-\boldsymbol{Q}_2\cdot\boldsymbol{P}_1)\boldsymbol{I}+\boldsymbol{Q}_1\boldsymbol{P}_2+\boldsymbol{P}_2\boldsymbol{Q}_1+\boldsymbol{Q}_2\boldsymbol{P}_1+\boldsymbol{P}_1\boldsymbol{Q}_2]\\
=&\,a_1e_2-a_2e_1-b_1f_2+b_2f_1+\boldsymbol{P}_1\cdot\boldsymbol{K}_2-\boldsymbol{P}_2\cdot\boldsymbol{K}_1-\boldsymbol{Q}_1\cdot\boldsymbol{M}_2+\boldsymbol{Q}_2\cdot\boldsymbol{M}_1\\
&+\mathrm{i}(a_1f_2-a_2f_1+b_1e_2-b_2e_1+\boldsymbol{P}_1\cdot\boldsymbol{M}_2-\boldsymbol{P}_2\cdot\boldsymbol{M}_1-\boldsymbol{K}_1\cdot\boldsymbol{Q}_2+\boldsymbol{K}_2\cdot\boldsymbol{Q}_1)\\
&+(a_1\boldsymbol{K}_2+a_2\boldsymbol{K}_1-b_1\boldsymbol{M}_2-b_2\boldsymbol{M}_1-e_1\boldsymbol{P}_2-e_2\boldsymbol{P}_1+f_1\boldsymbol{Q}_2+f_2\boldsymbol{Q}_1\\
&+\boldsymbol{K}_1\times\boldsymbol{P}_2+\boldsymbol{K}_2\times\boldsymbol{P}_1-\boldsymbol{M}_1\times\boldsymbol{Q}_2-\boldsymbol{M}_2\times\boldsymbol{Q}_1)\\
&+\mathrm{i}(a_1\boldsymbol{M}_2+a_2\boldsymbol{M}_1+b_1\boldsymbol{K}_2+b_2\boldsymbol{K}_1-f_1\boldsymbol{P}_2-f_2\boldsymbol{P}_1-e_1\boldsymbol{Q}_2-e_2\boldsymbol{Q}_1\\
&-\boldsymbol{Q}_1\times\boldsymbol{K}_2-\boldsymbol{Q}_2\times\boldsymbol{K}_1-\boldsymbol{P}_1\times\boldsymbol{M}_2-\boldsymbol{P}_2\times\boldsymbol{M}_1)
\end{aligned}
\tag{8.15}
$$

分别取四元数场互易方程的实标部、虚标部、实矢部和虚矢部，有

$$
\begin{aligned}
&-\nabla\cdot(a_1\boldsymbol{P}_2-a_2\boldsymbol{P}_1-b_1\boldsymbol{Q}_2+b_2\boldsymbol{Q}_1+\boldsymbol{P}_1\times\boldsymbol{P}_2-\boldsymbol{Q}_1\times\boldsymbol{Q}_2)\\
&=a_1e_2-a_2e_1-b_1f_2+b_2f_1+\boldsymbol{P}_1\cdot\boldsymbol{K}_2-\boldsymbol{P}_2\cdot\boldsymbol{K}_1-\boldsymbol{Q}_1\cdot\boldsymbol{M}_2+\boldsymbol{Q}_2\cdot\boldsymbol{M}_1
\end{aligned}
\tag{8.16a}
$$

$$
\begin{aligned}
&\nabla\cdot(-b_1\boldsymbol{P}_2+b_2\boldsymbol{P}_1-a_1\boldsymbol{Q}_2+a_2\boldsymbol{Q}_1-\boldsymbol{P}_1\times\boldsymbol{Q}_2+\boldsymbol{P}_2\times\boldsymbol{Q}_1)\\
&=a_1f_2-a_2f_1+b_1e_2-b_2e_1+\boldsymbol{P}_1\cdot\boldsymbol{M}_2-\boldsymbol{P}_2\cdot\boldsymbol{M}_1-\boldsymbol{K}_1\cdot\boldsymbol{Q}_2+\boldsymbol{K}_2\cdot\boldsymbol{Q}_1
\end{aligned}
\tag{8.16b}
$$

$$
\begin{aligned}
&\nabla\times(a_1\boldsymbol{P}_2+a_2\boldsymbol{P}_1-b_1\boldsymbol{Q}_2-b_2\boldsymbol{Q}_1)\\
&+\nabla\cdot[(a_1a_2-b_1b_2-\boldsymbol{P}_1\cdot\boldsymbol{P}_2+\boldsymbol{Q}_1\cdot\boldsymbol{Q}_2)\boldsymbol{I}+\boldsymbol{P}_1\boldsymbol{P}_2+\boldsymbol{P}_2\boldsymbol{P}_1-\boldsymbol{Q}_1\boldsymbol{Q}_2-\boldsymbol{Q}_2\boldsymbol{Q}_1]\\
=&\,a_1\boldsymbol{K}_2+a_2\boldsymbol{K}_1-b_1\boldsymbol{M}_2-b_2\boldsymbol{M}_1-e_1\boldsymbol{P}_2-e_2\boldsymbol{P}_1+f_1\boldsymbol{Q}_2+f_2\boldsymbol{Q}_1\\
&+\boldsymbol{K}_1\times\boldsymbol{P}_2+\boldsymbol{K}_2\times\boldsymbol{P}_1-\boldsymbol{M}_1\times\boldsymbol{Q}_2-\boldsymbol{M}_2\times\boldsymbol{Q}_1
\end{aligned}
\tag{8.16c}
$$

$$\begin{aligned}&\nabla\times(a_1\boldsymbol{Q}_2+a_2\boldsymbol{Q}_1+b_1\boldsymbol{P}_2+b_2\boldsymbol{P}_1)\\&+\nabla\cdot[(a_1b_2+a_2b_1-\boldsymbol{Q}_1\cdot\boldsymbol{P}_2-\boldsymbol{Q}_2\cdot\boldsymbol{P}_1)\boldsymbol{I}+\boldsymbol{Q}_1\boldsymbol{P}_2+\boldsymbol{P}_2\boldsymbol{Q}_1+\boldsymbol{Q}_2\boldsymbol{P}_1+\boldsymbol{P}_1\boldsymbol{Q}_2]\\=&a_1\boldsymbol{M}_2+a_2\boldsymbol{M}_1+b_1\boldsymbol{K}_2+b_2\boldsymbol{K}_1-f_1\boldsymbol{P}_2-f_2\boldsymbol{P}_1-e_1\boldsymbol{Q}_2-e_2\boldsymbol{Q}_1\\&-\boldsymbol{Q}_1\times\boldsymbol{K}_2-\boldsymbol{Q}_2\times\boldsymbol{K}_1-\boldsymbol{P}_1\times\boldsymbol{M}_2-\boldsymbol{P}_2\times\boldsymbol{M}_1\end{aligned}\tag{8.16d}$$

8.2.2　例一：电磁场互易方程

对于电磁场，取

$$a=b=0\text{，}\ f=c\rho_{\mathrm{e}}\text{，}\ e=-\frac{\rho_{\mathrm{m}}}{\mu_0}\text{，}$$

$$\boldsymbol{P}=\boldsymbol{H}\text{，}\ \boldsymbol{Q}=-c\boldsymbol{D}\text{，}\ \boldsymbol{K}=\boldsymbol{J}_{\mathrm{e}}\text{，}\ \boldsymbol{M}=\frac{\boldsymbol{J}_{\mathrm{m}}}{c\mu_0}\tag{8.17}$$

将式（8.17）代入式（8.1）和式（8.2），于是四电磁场和四电磁源分别为

$$G=\boldsymbol{H}-c\boldsymbol{D}\mathrm{i}\tag{8.18a}$$

$$J=-\frac{\rho_{\mathrm{m}}}{\mu_0}+c\rho_{\mathrm{e}}\mathrm{i}+\boldsymbol{J}_{\mathrm{e}}+\frac{\boldsymbol{J}_{\mathrm{m}}}{c\mu_0}\mathrm{i}\tag{8.18b}$$

将式（8.17）代入式（8.6），得到电磁场方程为

$$\nabla\cdot\boldsymbol{H}=\frac{\rho_{\mathrm{m}}}{\mu_0}\tag{8.19a}$$

$$\nabla\cdot\boldsymbol{D}=\rho_{\mathrm{e}}\tag{8.19b}$$

$$-\frac{\partial\boldsymbol{D}}{\partial t}+\nabla\times\boldsymbol{H}=\boldsymbol{J}_{\mathrm{e}}\tag{8.19c}$$

$$-\frac{\partial\boldsymbol{B}}{\partial t}-\nabla\times\boldsymbol{E}=\boldsymbol{J}_{\mathrm{m}}\tag{8.19d}$$

式（8.19）的推导过程用到了 $\boldsymbol{B}=\mu_0\boldsymbol{H}$，$\boldsymbol{D}=\varepsilon_0\boldsymbol{E}$，$c^2=1/(\mu_0\varepsilon_0)$。将式（8.17）代入式（8.16），得到电磁场互易方程

$$
\begin{aligned}
&-\nabla\cdot(\boldsymbol{H}_1\times\boldsymbol{B}_2-\boldsymbol{E}_1\times\boldsymbol{D}_2)\\
&=\boldsymbol{J}_{\mathrm{e}2}\cdot\boldsymbol{B}_1-\boldsymbol{J}_{\mathrm{e}1}\cdot\boldsymbol{B}_2+\boldsymbol{J}_{\mathrm{m}2}\cdot\boldsymbol{D}_1-\boldsymbol{J}_{\mathrm{m}1}\cdot\boldsymbol{D}_2
\end{aligned}
\tag{8.20a}
$$

$$
\begin{aligned}
&\nabla\cdot(\boldsymbol{E}_1\times\boldsymbol{H}_2-\boldsymbol{E}_2\times\boldsymbol{H}_1)\\
&=\boldsymbol{J}_{\mathrm{m}2}\cdot\boldsymbol{H}_1-\boldsymbol{J}_{\mathrm{m}1}\cdot\boldsymbol{H}_2+\boldsymbol{J}_{\mathrm{e}1}\cdot\boldsymbol{E}_2-\boldsymbol{J}_{\mathrm{e}2}\boldsymbol{E}_1
\end{aligned}
\tag{8.20b}
$$

$$
\begin{aligned}
&\nabla\cdot[(-\boldsymbol{H}_1\cdot\boldsymbol{B}_2+\boldsymbol{E}_1\cdot\boldsymbol{D}_2)\boldsymbol{I}+\boldsymbol{H}_1\boldsymbol{B}_2+\boldsymbol{B}_2\boldsymbol{H}_1-\boldsymbol{E}_1\boldsymbol{D}_2-\boldsymbol{D}_2\boldsymbol{E}_1]\\
&=\rho_{\mathrm{m}1}\boldsymbol{H}_2+\rho_{\mathrm{m}2}\boldsymbol{H}_1-\rho_{\mathrm{e}1}\boldsymbol{E}_2-\rho_{\mathrm{e}2}\boldsymbol{E}_1\\
&\quad+\boldsymbol{J}_{\mathrm{e}1}\times\boldsymbol{B}_2+\boldsymbol{J}_{\mathrm{e}2}\times\boldsymbol{B}_1+\boldsymbol{J}_{\mathrm{m}1}\times\boldsymbol{D}_2+\boldsymbol{J}_{\mathrm{m}2}\times\boldsymbol{D}_1
\end{aligned}
\tag{8.20c}
$$

$$
\begin{aligned}
&-\nabla\cdot[(\boldsymbol{D}_1\cdot\boldsymbol{H}_2+\boldsymbol{D}_2\cdot\boldsymbol{H}_1)\boldsymbol{I}-\boldsymbol{D}_1\boldsymbol{H}_2-\boldsymbol{H}_2\boldsymbol{D}_1-\boldsymbol{D}_2\boldsymbol{H}_1-\boldsymbol{H}_1\boldsymbol{D}_2]\\
&=\rho_{\mathrm{e}1}\boldsymbol{H}_2+\rho_{\mathrm{e}2}\boldsymbol{H}_1+\frac{\rho_{\mathrm{m}1}}{\mu_0}\boldsymbol{D}_2+\frac{\rho_{\mathrm{m}2}}{\mu_0}\boldsymbol{D}_1\\
&\quad+\boldsymbol{J}_{\mathrm{e}2}\times\boldsymbol{D}_1+\boldsymbol{J}_{\mathrm{e}1}\times\boldsymbol{D}_2-\varepsilon_0\boldsymbol{J}_{\mathrm{m}2}\times\boldsymbol{H}_1-\varepsilon_0\boldsymbol{J}_{\mathrm{m}1}\times\boldsymbol{H}_2
\end{aligned}
\tag{8.20d}
$$

它们正是洛伦兹互易定理、Feld-Tai 互易定理和两个电磁场动量互易定理。

8.2.3　例二：声场互易方程

对于声场，取

$$
\begin{gathered}
a=f=0\,,\quad \boldsymbol{Q}=\boldsymbol{K}=0\,,\\
b=-c_0\beta p\,,\quad e=-q\,,\quad \boldsymbol{P}=\boldsymbol{v}\,,\quad \boldsymbol{M}=-\frac{\boldsymbol{f}}{c_0}
\end{gathered}
\tag{8.21}
$$

将式（8.21）代入式（8.1）和式（8.2），于是四声场和四声源分别为

$$G=-c_0\beta p\mathrm{i}+\boldsymbol{v}\tag{8.22a}$$

$$J=-q-\frac{\boldsymbol{f}}{c_0}\mathrm{i}\tag{8.22b}$$

注意，四微分算子中的c替换为c_0，有

$$\partial = -\frac{\mathrm{i}}{c}\frac{\partial}{\partial t} + \nabla \tag{8.23}$$

将式（8.21）代入式（8.6a）、式（8.6c）和式（8.6d）中，式中的c替换为c_0，得到声场方程为

$$\beta\frac{\partial p}{\partial t} + \nabla\cdot\boldsymbol{v} = q \tag{8.24a}$$

$$\nabla\times\boldsymbol{v} = 0 \tag{8.24b}$$

$$\rho_0\frac{\partial \boldsymbol{v}}{\partial t} + \nabla p = \rho_0\boldsymbol{f} \tag{8.24c}$$

注意，将式（8.21）代入式（8.6b）将得到“0=0”，没有意义，故略去。

将式（8.21）代入式（8.16），得到声场互易方程

$$-\nabla\cdot(\boldsymbol{v}_1\times\boldsymbol{v}_2) = 0 \tag{8.25a}$$

$$\nabla\cdot(p_1\boldsymbol{v}_2 - p_2\boldsymbol{v}_1) = p_1q_2 - p_2q_1 - \rho_0\boldsymbol{v}_1\cdot\boldsymbol{f}_2 + \rho_0\boldsymbol{v}_2\cdot\boldsymbol{f}_1 \tag{8.25b}$$

$$\begin{aligned}&\nabla\cdot[(\beta p_1p_2 + \rho_0\boldsymbol{v}_1\cdot\boldsymbol{v}_2)\boldsymbol{I} - \rho_0\boldsymbol{v}_1\boldsymbol{v}_2 - \rho_0\boldsymbol{v}_2\boldsymbol{v}_1]\\ &= \rho_1\boldsymbol{f}_2 + \rho_2\boldsymbol{f}_1 - \rho_0q_1\boldsymbol{v}_2 - \rho_0q_2\boldsymbol{v}_1\end{aligned} \tag{8.25c}$$

$$-\nabla\times(p_1\boldsymbol{v}_2 + p_2\boldsymbol{v}_1) = \rho_0\boldsymbol{v}_1\times\boldsymbol{f}_2 + \rho_0\boldsymbol{v}_2\times\boldsymbol{f}_1 \tag{8.25d}$$

注意，推导过程用到了$\rho = \frac{1}{c_0^2}p$，$\beta = \frac{1}{\rho_0c_0^2}$。

8.3　四元数场互易方程积分形式

对式（8.8）取体积分，四元数场互易方程积分形式为

$$\int_V\left(\widetilde{G_1}(\nabla G_2) - \widetilde{\nabla G_1}G_2\right)\mathrm{d}V = \int_V\left(\widetilde{G_1}J_2 - \widetilde{J_1}G_2\right)\mathrm{d}V \tag{8.26a}$$

式（8.26a）还可以写为

$$-\oint_S \widetilde{\boldsymbol{e}_n G_1}G_2\,\mathrm{d}S = \int_V\left(\widetilde{G_1}J_2 - \widetilde{J_1}G_2\right)\mathrm{d}V \tag{8.26b}$$

下面证明式（8.26a）和式（8.26b）是等价的。

首先展开式（8.26b）的左端项被积函数。

单位外法向矢量 $\boldsymbol{e}_n$ 左乘 F_1 有

$$
\begin{aligned}
-\boldsymbol{e}_n G_1 &= -\boldsymbol{e}_n(a_1 + b_1\mathrm{i} + \boldsymbol{P}_1 + \boldsymbol{Q}_1\mathrm{i}) \\
&= -a_1\boldsymbol{e}_n - b_1\boldsymbol{e}_n\mathrm{i} + \boldsymbol{e}_n\cdot\boldsymbol{P}_1 - \boldsymbol{e}_n\times\boldsymbol{P}_1 + \boldsymbol{e}_n\cdot\boldsymbol{Q}_1\mathrm{i} - \boldsymbol{e}_n\times\boldsymbol{Q}_1\mathrm{i}
\end{aligned}
$$

取 $-\boldsymbol{e}_n G_1$ 的四元共轭，有

$$
-\widetilde{\boldsymbol{e}_n G_1} = a_1\boldsymbol{e}_n + b_1\boldsymbol{e}_n\mathrm{i} + \boldsymbol{e}_n\cdot\boldsymbol{P}_1 + \boldsymbol{e}_n\times\boldsymbol{P}_1 + \boldsymbol{e}_n\cdot\boldsymbol{Q}_1\mathrm{i} + \boldsymbol{e}_n\times\boldsymbol{Q}_1\mathrm{i}
$$

进一步

$$
\begin{aligned}
&-\widetilde{\boldsymbol{e}_n G_1}G_2 \\
&= -a_1\boldsymbol{e}_n\cdot\boldsymbol{P}_2 + b_1\boldsymbol{e}_n\cdot\boldsymbol{Q}_2 + a_2\boldsymbol{e}_n\cdot\boldsymbol{P}_1 - \boldsymbol{P}_2\cdot\boldsymbol{e}_n\times\boldsymbol{P}_1 - b_2\boldsymbol{e}_n\cdot\boldsymbol{Q}_1 + \boldsymbol{Q}_2\cdot\boldsymbol{e}_n\times\boldsymbol{Q}_1 \\
&\quad + \mathrm{i}(-a_1\boldsymbol{e}_n\cdot\boldsymbol{Q}_2 - b_1\boldsymbol{e}_n\cdot\boldsymbol{P}_2 + b_2\boldsymbol{e}_n\cdot\boldsymbol{P}_1 - \boldsymbol{Q}_2\cdot\boldsymbol{e}_n\times\boldsymbol{P}_1 + a_2\boldsymbol{e}_n\cdot\boldsymbol{Q}_1 - \boldsymbol{P}_2\cdot\boldsymbol{e}_n\times\boldsymbol{Q}_1) \\
&\quad + a_1a_2\boldsymbol{e}_n + a_1\boldsymbol{e}_n\times\boldsymbol{P}_2 - b_1b_2\boldsymbol{e}_n - b_1\boldsymbol{e}_n\times\boldsymbol{Q}_2 + \boldsymbol{e}_n\cdot\boldsymbol{P}_1\boldsymbol{P}_2 - \boldsymbol{P}_2\cdot\boldsymbol{e}_n\times\boldsymbol{P}_1 \\
&\quad + a_2\boldsymbol{e}_n\times\boldsymbol{P}_1 - b_2\boldsymbol{e}_n\times\boldsymbol{Q}_1 - \boldsymbol{e}_n\cdot\boldsymbol{Q}_1\boldsymbol{Q}_2 + \boldsymbol{Q}_2\times\boldsymbol{e}_n\times\boldsymbol{Q}_1 \\
&\quad + \mathrm{i}(a_1b_2\boldsymbol{e}_n + a_1\boldsymbol{e}_n\times\boldsymbol{Q}_2 + a_2b_1\boldsymbol{e}_n + b_1\boldsymbol{e}_n\times\boldsymbol{P}_2 + \boldsymbol{e}_n\cdot\boldsymbol{P}_1\boldsymbol{Q}_2 + b_2\boldsymbol{e}_n\times\boldsymbol{P}_1 - \boldsymbol{Q}_2\times\boldsymbol{e}_n\times\boldsymbol{P}_1 \\
&\quad + \boldsymbol{e}_n\cdot\boldsymbol{Q}_1\boldsymbol{P}_2 + a_2\boldsymbol{e}_n\times\boldsymbol{Q}_1 - \boldsymbol{P}_2\times\boldsymbol{e}_n\times\boldsymbol{Q}_1)
\end{aligned} \tag{8.27a}
$$

将式（8.11）代入式（8.26a），利用高斯散度定理，将体积分化为面积分，取被积函数，有

$$
\begin{aligned}
&-(a_1\boldsymbol{e}_n\cdot\boldsymbol{P}_2 - a_2\boldsymbol{e}_n\cdot\boldsymbol{P}_1 - b_1\boldsymbol{e}_n\cdot\boldsymbol{Q}_2 + b_2\boldsymbol{e}_n\cdot\boldsymbol{Q}_1 + \boldsymbol{e}_n\cdot\boldsymbol{P}_1\times\boldsymbol{P}_2 - \boldsymbol{e}_n\cdot\boldsymbol{Q}_1\times\boldsymbol{Q}_2) \\
&+\mathrm{i}(-b_1\boldsymbol{e}_n\cdot\boldsymbol{P}_2 + b_2\boldsymbol{e}_n\cdot\boldsymbol{P}_1 - a_1\boldsymbol{e}_n\cdot\boldsymbol{Q}_2 + a_2\boldsymbol{e}_n\cdot\boldsymbol{Q}_1 - \boldsymbol{e}_n\cdot\boldsymbol{P}_1\times\boldsymbol{Q}_2 + \boldsymbol{e}_n\cdot\boldsymbol{P}_2\times\boldsymbol{Q}_1) \\
&+(a_1\boldsymbol{e}_n\times\boldsymbol{P}_2 + a_2\boldsymbol{e}_n\times\boldsymbol{P}_1 - b_1\boldsymbol{e}_n\times\boldsymbol{Q}_2 - b_2\boldsymbol{e}_n\times\boldsymbol{Q}_1) \\
&+[(a_1a_2 - b_1b_2 - \boldsymbol{P}_1\cdot\boldsymbol{P}_2 + \boldsymbol{Q}_1\cdot\boldsymbol{Q}_2)\boldsymbol{e}_n + \boldsymbol{e}_n\cdot\boldsymbol{P}_1\boldsymbol{P}_2 + \boldsymbol{e}_n\cdot\boldsymbol{P}_2\boldsymbol{P}_1 - \boldsymbol{e}_n\cdot\boldsymbol{Q}_1\boldsymbol{Q}_2 - \boldsymbol{e}_n\cdot\boldsymbol{Q}_2\boldsymbol{Q}_1] \\
&+\mathrm{i}(a_1\boldsymbol{e}_n\times\boldsymbol{Q}_2 + a_2\boldsymbol{e}_n\times\boldsymbol{Q}_1 + b_1\boldsymbol{e}_n\times\boldsymbol{P}_2 + b_2\boldsymbol{e}_n\times\boldsymbol{P}_1) \\
&+\mathrm{i}[(a_1b_2 + a_2b_1 - \boldsymbol{Q}_1\cdot\boldsymbol{P}_2 - \boldsymbol{Q}_2\cdot\boldsymbol{P}_1)\boldsymbol{e}_n + \boldsymbol{e}_n\cdot\boldsymbol{Q}_1\boldsymbol{P}_2 + \boldsymbol{e}_n\cdot\boldsymbol{P}_2\boldsymbol{Q}_1 + \boldsymbol{e}_n\cdot\boldsymbol{Q}_2\boldsymbol{P}_1 + \boldsymbol{e}_n\cdot\boldsymbol{P}_1\boldsymbol{Q}_2]
\end{aligned} \tag{8.27b}
$$

对比式（8.27a）和（8.27b），可发现二者等价。

附录A 卷 积 运 算

设标量a，b，矢量$\boldsymbol{A}$、$\boldsymbol{B}$均是时间、空间的函数。

a和b，a和$\boldsymbol{B}$，$\boldsymbol{A}$和$\boldsymbol{B}$关于时间作卷积运算的同时，还作如下空间运算：

（1）$\boldsymbol{A}$和$\boldsymbol{B}$作点积运算，定义该运算为“点卷积”（或“卷点积”），记运算符号为$\odot$，即

$$\boldsymbol{A}\odot\boldsymbol{B}=\int_{\tau}\boldsymbol{A}(\boldsymbol{r},\tau)\cdot\boldsymbol{B}(\boldsymbol{r},t-\tau)\mathrm{d}\tau \tag{A1}$$

（2）$\boldsymbol{A}$和$\boldsymbol{B}$作叉积运算，定义该运算为“叉卷积”（或“卷叉积”），记运算符号为$\otimes$，即

$$\boldsymbol{A}\otimes\boldsymbol{B}=\int_{\tau}\boldsymbol{A}(\boldsymbol{r},\tau)\times\boldsymbol{B}(\boldsymbol{r},t-\tau)\mathrm{d}\tau \tag{A2}$$

（3）$\boldsymbol{A}$和$\boldsymbol{B}$作并矢运算，定义该运算为“并卷积”（或“卷积并”），记运算符号为$\circledcirc$，即

$$\boldsymbol{A}\circledcirc\boldsymbol{B}=\int_{\tau}\boldsymbol{A}(\boldsymbol{r},\tau)\boldsymbol{B}(\boldsymbol{r},t-\tau)\mathrm{d}\tau \tag{A3}$$

（4）a和b或a和$\boldsymbol{B}$作乘积运算，定义该运算为“乘卷积”（或“卷积乘”），仍记运算符号为$\circledcirc$，即

$$a\circledcirc b=\int_{\tau}a(\boldsymbol{r},\tau)b(\boldsymbol{r},t-\tau)\mathrm{d}\tau \tag{A4}$$

$$a\circledcirc\boldsymbol{B}=\int_{\tau}a(\boldsymbol{r},\tau)\boldsymbol{B}(\boldsymbol{r},t-\tau)\mathrm{d}\tau \tag{A5}$$

附录 B　微分恒等式

设$\boldsymbol{A}_1$、$\boldsymbol{A}_2$、$\boldsymbol{B}_1$和$\boldsymbol{B}_2$为矢量函数，$\boldsymbol{I}$为单位并矢，则有

$$\begin{aligned}&\nabla\cdot\left(\boldsymbol{A}_2\cdot\boldsymbol{B}_1\boldsymbol{I}-\boldsymbol{A}_2\boldsymbol{B}_1-\boldsymbol{B}_1\boldsymbol{A}_2\right)\\&=\boldsymbol{A}_2\times\left(\nabla\times\boldsymbol{B}_1\right)+\boldsymbol{B}_1\times\left(\nabla\times\boldsymbol{A}_2\right)-\left(\nabla\cdot\boldsymbol{A}_2\right)\boldsymbol{B}_1-\left(\nabla\cdot\boldsymbol{B}_1\right)\boldsymbol{A}_2\end{aligned}\tag{B1}$$

若$\boldsymbol{B}_1=\alpha\boldsymbol{A}_1$，$\boldsymbol{B}_2=\alpha\boldsymbol{A}_2$，$\alpha$为标量函数，则有

$$\begin{aligned}&\nabla\cdot\left(\boldsymbol{A}_2\cdot\boldsymbol{B}_1\boldsymbol{I}-\boldsymbol{A}_2\boldsymbol{B}_1-\boldsymbol{B}_1\boldsymbol{A}_2\right)\\&=\boldsymbol{B}_2\times\left(\nabla\times\boldsymbol{A}_1\right)+\boldsymbol{B}_1\times\left(\nabla\times\boldsymbol{A}_2\right)-\left(\nabla\cdot\boldsymbol{B}_2\right)\boldsymbol{A}_1\\&\quad-\left(\nabla\cdot\boldsymbol{B}_1\right)\boldsymbol{A}_2+\nabla\alpha\left(\boldsymbol{A}_1\cdot\boldsymbol{A}_2\right)\end{aligned}\tag{B2}$$

$$\begin{aligned}\nabla\cdot\left(-\boldsymbol{B}_1\boldsymbol{A}_2-\boldsymbol{A}_2\boldsymbol{B}_1\right)&=\boldsymbol{B}_1\times\left(\nabla\times\boldsymbol{A}_2\right)+\boldsymbol{B}_2\times\left(\nabla\times\boldsymbol{A}_1\right)\\&\quad-\left(\nabla\cdot\boldsymbol{B}_1\right)\boldsymbol{A}_2-\left(\nabla\cdot\boldsymbol{B}_2\right)\boldsymbol{A}_1-\alpha\nabla\left(\boldsymbol{A}_1\cdot\boldsymbol{A}_2\right)\end{aligned}\tag{B3}$$

证明：

恒等式

$$\nabla\cdot\left(\boldsymbol{A}_2\boldsymbol{B}_1\right)=\left(\nabla\cdot\boldsymbol{A}_2\right)\boldsymbol{B}_1+\left(\boldsymbol{A}_2\cdot\nabla\right)\boldsymbol{B}_1$$

$$\nabla\cdot\left(\boldsymbol{B}_1\boldsymbol{A}_2\right)=\left(\nabla\cdot\boldsymbol{B}_1\right)\boldsymbol{A}_2+\left(\boldsymbol{B}_1\cdot\nabla\right)\boldsymbol{A}_2$$

以上两式相加有

$$\begin{aligned}\nabla\cdot\left(\boldsymbol{A}_2\boldsymbol{B}_1+\boldsymbol{B}_1\boldsymbol{A}_2\right)&=\left(\nabla\cdot\boldsymbol{A}_2\right)\boldsymbol{B}_1+\left(\nabla\cdot\boldsymbol{B}_1\right)\boldsymbol{A}_2\\&\quad+\left(\boldsymbol{A}_2\cdot\nabla\right)\boldsymbol{B}_1+\left(\boldsymbol{B}_1\cdot\nabla\right)\boldsymbol{A}_2\end{aligned}\tag{B4}$$

用$\boldsymbol{A}_2\cdot\boldsymbol{B}_1$代替$\nabla\varphi=\nabla\cdot\left(\varphi\boldsymbol{I}\right)$中的$\varphi$，有

$$\nabla\left(\boldsymbol{A}_2\cdot\boldsymbol{B}_1\right)=\nabla\cdot\left(\boldsymbol{A}_2\cdot\boldsymbol{B}_1\boldsymbol{I}\right)$$

另有

$$\nabla\left(\boldsymbol{A}_2\cdot\boldsymbol{B}_1\right)=\boldsymbol{A}_2\times\left(\nabla\times\boldsymbol{B}_1\right)+\boldsymbol{B}_1\times\left(\nabla\times\boldsymbol{A}_2\right)+\left(\boldsymbol{B}_1\cdot\nabla\right)\boldsymbol{A}_2+\left(\boldsymbol{A}_2\cdot\nabla\right)\boldsymbol{B}_1$$

于是有

$$\nabla\cdot(\boldsymbol{A}_2\cdot\boldsymbol{B}_1\boldsymbol{I})=\boldsymbol{A}_2\times(\nabla\times\boldsymbol{B}_1)+\boldsymbol{B}_1\times(\nabla\times\boldsymbol{A}_2)+(\boldsymbol{B}_1\cdot\nabla)\boldsymbol{A}_2+(\boldsymbol{A}_2\cdot\nabla)\boldsymbol{B}_1 \quad \text{(B5)}$$

由式（B4）和式（B5），可得式（B1）。

利用$\boldsymbol{B}_1=\alpha\boldsymbol{A}_1$，$\boldsymbol{B}_2=\alpha\boldsymbol{A}_2$处理式（B1）右端第一项和第三项，并利用三矢量混合积公式$\boldsymbol{a}\cdot(\boldsymbol{b}\times\boldsymbol{c})=\boldsymbol{b}\cdot(\boldsymbol{c}\times\boldsymbol{a})=\boldsymbol{c}\cdot(\boldsymbol{a}\times\boldsymbol{b})$，有

$$\begin{aligned}
&\nabla\cdot(\boldsymbol{A}_2\cdot\boldsymbol{B}_1\boldsymbol{I}-\boldsymbol{A}_2\boldsymbol{B}_1-\boldsymbol{B}_1\boldsymbol{A}_2)\\
&=\boldsymbol{A}_2\times[\nabla\times(\alpha\boldsymbol{A}_1)]+\boldsymbol{B}_1\times(\nabla\times\boldsymbol{A}_2)\\
&\quad-[\nabla\cdot(\alpha\boldsymbol{A}_2)]\boldsymbol{A}_1+(\nabla\alpha\cdot\boldsymbol{A}_2)\boldsymbol{A}_1-(\nabla\cdot\boldsymbol{B}_1)\boldsymbol{A}_2\\
&=\boldsymbol{B}_2\times(\nabla\times\boldsymbol{A}_1)+\boldsymbol{B}_1\times(\nabla\times\boldsymbol{A}_2)+\boldsymbol{A}_2\times\nabla\alpha\times\boldsymbol{A}_1\\
&\quad+(\nabla\alpha\cdot\boldsymbol{A}_2)\boldsymbol{A}_1-(\nabla\cdot\boldsymbol{B}_2)\boldsymbol{A}_1-(\nabla\cdot\boldsymbol{B}_1)\boldsymbol{A}_2\\
&=\boldsymbol{B}_2\times(\nabla\times\boldsymbol{A}_1)+\boldsymbol{B}_1\times(\nabla\times\boldsymbol{A}_2)-(\nabla\cdot\boldsymbol{B}_2)\boldsymbol{A}_1\\
&\quad-(\nabla\cdot\boldsymbol{B}_1)\boldsymbol{A}_2+\nabla\alpha(\boldsymbol{A}_1\cdot\boldsymbol{A}_2)
\end{aligned}$$

上式即（B2）。

处理式（B2）中的最后一项，有

$$\begin{aligned}
\nabla\alpha(\boldsymbol{A}_1\cdot\boldsymbol{A}_2)&=\nabla(\alpha\boldsymbol{A}_1\cdot\boldsymbol{A}_2)-\alpha\nabla(\boldsymbol{A}_1\cdot\boldsymbol{A}_2)\\
&=\nabla\cdot(\boldsymbol{A}_2\cdot\boldsymbol{B}_1\boldsymbol{I})-\alpha\nabla(\boldsymbol{A}_1\cdot\boldsymbol{A}_2)
\end{aligned}$$

将上式代入式（B2），约去$\nabla\cdot(\boldsymbol{A}_2\cdot\boldsymbol{B}_1\boldsymbol{I})$，得到式（B3）。

恒等式

$$\nabla\cdot(\boldsymbol{A}_1\times\boldsymbol{B}_2)=\boldsymbol{B}_2\cdot(\nabla\times\boldsymbol{A}_1)-\boldsymbol{A}_1\cdot(\nabla\times\boldsymbol{B}_2) \quad \text{(B6)}$$

若$\boldsymbol{B}_1=\alpha\boldsymbol{A}_1$，$\boldsymbol{B}_2=\alpha\boldsymbol{A}_2$，$\alpha$为标量函数，则有

$$\boldsymbol{B}_2\cdot(\nabla\times\boldsymbol{A}_1)-\boldsymbol{B}_1\cdot(\nabla\times\boldsymbol{A}_2)=\nabla\cdot(\boldsymbol{A}_1\times\boldsymbol{B}_2)-\nabla\alpha\cdot(\boldsymbol{A}_1\times\boldsymbol{A}_2) \quad \text{(B7)}$$

证明：

由于

$$\begin{aligned}\boldsymbol{B}_1\cdot(\nabla\times\boldsymbol{A}_2)&=\alpha\boldsymbol{A}_1\cdot(\nabla\times\boldsymbol{A}_2)\\&=\boldsymbol{A}_1\cdot\nabla\times(\alpha\boldsymbol{A}_2)-\boldsymbol{A}_1\cdot(\nabla\alpha\times\boldsymbol{A}_2)\\&=\boldsymbol{A}_1\cdot(\nabla\times\boldsymbol{B}_2)+\nabla\alpha\cdot(\boldsymbol{A}_1\times\boldsymbol{A}_2)\end{aligned}\tag{B8}$$

将式（B8）代入式（B7）左端，并考虑式（B6），有

$$\begin{aligned}&\boldsymbol{B}_2\cdot(\nabla\times\boldsymbol{A}_1)-\boldsymbol{B}_1\cdot(\nabla\times\boldsymbol{A}_2)\\&=\boldsymbol{B}_2\cdot(\nabla\times\boldsymbol{A}_1)-\boldsymbol{A}_1\cdot(\nabla\times\boldsymbol{B}_2)-\nabla\alpha\cdot(\boldsymbol{A}_1\times\boldsymbol{A}_2)\\&=\nabla\cdot(\boldsymbol{A}_1\times\boldsymbol{B}_2)-\nabla\alpha\cdot(\boldsymbol{A}_1\times\boldsymbol{A}_2)\end{aligned}$$

由此得到式（B7）。

对式（B2）各项作卷积运算，有

$$\begin{aligned}&\nabla\cdot(\boldsymbol{A}_2\odot\boldsymbol{B}_1\boldsymbol{I}-\boldsymbol{A}_2\circledcirc\boldsymbol{B}_1-\boldsymbol{B}_1\circledcirc\boldsymbol{A}_2)\\&=\boldsymbol{B}_2\otimes(\nabla\times\boldsymbol{A}_1)+\boldsymbol{B}_1\otimes(\nabla\times\boldsymbol{A}_2)-(\nabla\cdot\boldsymbol{B}_2)\circledcirc\boldsymbol{A}_1\\&\quad-(\nabla\cdot\boldsymbol{B}_1)\circledcirc\boldsymbol{A}_2+\nabla\alpha(\boldsymbol{A}_1\odot\boldsymbol{A}_2)\end{aligned}\tag{B9}$$

若$\boldsymbol{A}_1$和$\boldsymbol{B}_2$，$\boldsymbol{A}_1$和$\boldsymbol{A}_2$作叉卷积，$\nabla\times\boldsymbol{A}_1$和$\boldsymbol{B}_2$，$\nabla\times\boldsymbol{A}_2$和$\boldsymbol{B}_1$作点卷积，式（B7）可化为

$$\begin{aligned}&\boldsymbol{B}_2\odot(\nabla\times\boldsymbol{A}_1)-\boldsymbol{B}_1\odot(\nabla\times\boldsymbol{A}_2)\\&=\nabla\cdot(\boldsymbol{A}_1\otimes\boldsymbol{B}_2)-\nabla\alpha\cdot(\boldsymbol{A}_1\otimes\boldsymbol{A}_2)\end{aligned}\tag{B10}$$

若$\boldsymbol{r}$为位置矢量，有

$$-\boldsymbol{r}\times\nabla\cdot(\varphi\boldsymbol{AB})=\nabla\cdot(\varphi\boldsymbol{AB}\times\boldsymbol{r})+\varphi\boldsymbol{A}\times\boldsymbol{B}\tag{B11}$$

令式（B1）和式（B5）中的$\boldsymbol{A}_2=\boldsymbol{B}_1=\boldsymbol{v}$，有

$$\nabla\cdot\left(\frac{1}{2}v^2\boldsymbol{I}-\boldsymbol{vv}\right)=\boldsymbol{v}\times\nabla\times\boldsymbol{v}-(\nabla\cdot\boldsymbol{v})\boldsymbol{v}\tag{B12}$$

$$\nabla\cdot\left(\frac{1}{2}v^2\boldsymbol{I}\right)=\nabla\left(\frac{1}{2}v^2\right)=\boldsymbol{v}\times\nabla\times\boldsymbol{v}+\boldsymbol{v}\cdot\nabla\boldsymbol{v}\tag{B13}$$

若满足$\nabla\times\boldsymbol{v}=0$，则有

$$\nabla\cdot\left(\frac{1}{2}v^2\boldsymbol{I}-\boldsymbol{vv}\right)=-(\nabla\cdot\boldsymbol{v})\boldsymbol{v} \tag{B14}$$

$$\nabla\cdot\left(\frac{1}{2}v^2\boldsymbol{I}\right)=\nabla\left(\frac{1}{2}v^2\right)=\boldsymbol{v}\cdot\nabla\boldsymbol{v} \tag{B15}$$

利用恒等式

$$\nabla\cdot(\boldsymbol{ab})=(\nabla\cdot\boldsymbol{a})\boldsymbol{b}+\boldsymbol{a}\cdot\nabla\boldsymbol{b}$$

有

$$\nabla\cdot(\boldsymbol{vv})=(\nabla\cdot\boldsymbol{v})\boldsymbol{v}+\boldsymbol{v}\cdot\nabla\boldsymbol{v} \tag{B16}$$

$$\nabla\cdot(\rho\boldsymbol{vv})=\nabla\cdot(\rho\boldsymbol{v})\boldsymbol{v}+\rho\boldsymbol{v}\cdot\nabla\boldsymbol{v} \tag{B17}$$

则

$$[\nabla\cdot(\rho\boldsymbol{vv})]\cdot\boldsymbol{v}=v^2\nabla\cdot(\rho\boldsymbol{v})+\rho\boldsymbol{v}\cdot\nabla\boldsymbol{v}\cdot\boldsymbol{v}$$

$$\begin{aligned}\nabla\cdot\left(\frac{1}{2}\rho v^2\boldsymbol{v}\right)+\frac{v^2}{2}\nabla\cdot(\rho\boldsymbol{v})&=v^2\nabla\cdot(\rho\boldsymbol{v})+\rho\boldsymbol{v}\cdot\nabla\frac{v^2}{2}\\&=v^2\nabla\cdot(\rho\boldsymbol{v})+\rho\boldsymbol{v}\cdot\nabla\boldsymbol{v}\cdot\boldsymbol{v}\end{aligned}$$

因此

$$[\nabla\cdot(\rho\boldsymbol{vv})]\cdot\boldsymbol{v}=\nabla\cdot\left(\frac{1}{2}\rho v^2\boldsymbol{v}\right)+\frac{v^2}{2}\nabla\cdot(\rho\boldsymbol{v}) \tag{B18}$$

附录C　合成场运算

考虑复标量u，u_1和u_2，以及两个矢量$\boldsymbol{A}$，$\boldsymbol{A}_1$和$\boldsymbol{A}_2$复矢量C^*，$\boldsymbol{C}_1^*$和$\boldsymbol{C}_2^*$分别为$\boldsymbol{C}$，$\boldsymbol{C}_1$和$\boldsymbol{C}_2$的复共轭，满足$u=u_1+u_2$，$\boldsymbol{A}=\boldsymbol{A}_1+\boldsymbol{A}_2$，$\boldsymbol{C}=\boldsymbol{C}_1^*+\boldsymbol{C}_2^*$，$u$和$\boldsymbol{C}^*$作乘积运算，$\boldsymbol{A}$和$\boldsymbol{C}^*$作点积、叉积，或组成并矢运算，若记运算符为□，则有

$$\boldsymbol{A}\square\boldsymbol{C}^*=(\boldsymbol{A}_1+\boldsymbol{A}_2)\square(\boldsymbol{C}_1^*+\boldsymbol{C}_2^*)=\sum_{i=1}^{2}\sum_{j=1}^{2}\boldsymbol{A}_i\boldsymbol{C}_j^* \tag{C1}$$

$$u\square\boldsymbol{C}^*=(u_1+u_2)\square(\boldsymbol{C}_1^*+\boldsymbol{C}_2^*)=\sum_{i=1}^{2}\sum_{j=1}^{2}u_i\boldsymbol{C}_j^* \tag{C2}$$

考虑两个线性系统，对于标量u，以及两个矢量$\boldsymbol{A}$和$\boldsymbol{C}$，满足$u=u_1+u_2$，$\boldsymbol{A}=\boldsymbol{A}_1+\boldsymbol{A}_2$，$\boldsymbol{C}=\boldsymbol{C}_1+\boldsymbol{C}_2$，$u$和$\boldsymbol{C}$作乘积运算，$\boldsymbol{A}$和$\boldsymbol{C}$作点积、叉积，或组成并矢运算，若记运算符为□，则有

$$\boldsymbol{A}\square\boldsymbol{C}=(\boldsymbol{A}_1+\boldsymbol{A}_2)\square(\boldsymbol{C}_1+\boldsymbol{C}_2)=\sum_{i=1}^{2}\sum_{j=1}^{2}\boldsymbol{A}_i\square\boldsymbol{C}_j \tag{C3}$$

$$u\square\boldsymbol{C}=(u_1+u_2)\square(\boldsymbol{C}_1+\boldsymbol{C}_2)=\sum_{i=1}^{2}\sum_{j=1}^{2}u_i\square\boldsymbol{C}_j \tag{C4}$$

其中乘积和并矢运算可略去“□”符号。

附录 D 《电磁场广义互易定理》勘误表

位置	错误	更正
39 页倒数第 1-3 行	分别为互电场动量流密度…	删除所有“互”字，在句号前补充“等反应项”。
73 页图 6.1.1	$\boldsymbol{J}_1\cdot\boldsymbol{E}_2+\boldsymbol{J}_2\cdot\boldsymbol{E}_1$ $\boldsymbol{J}_1\odot\boldsymbol{E}_2+\boldsymbol{J}_2\odot\boldsymbol{E}_1$ $\boldsymbol{J}_1\times\boldsymbol{B}_2+\boldsymbol{J}_2\times\boldsymbol{B}_1$ $+\rho_1\boldsymbol{E}_2+\rho_2\boldsymbol{E}_1$ $\boldsymbol{J}_1\otimes\boldsymbol{B}_2+\boldsymbol{J}_2\otimes\boldsymbol{B}_1$ $+\rho_1\circ\boldsymbol{E}_2+\rho_2\circ\boldsymbol{E}_1$ $\boldsymbol{r}\times(\boldsymbol{J}_1\times\boldsymbol{B}_2^*+\boldsymbol{J}_2^*\times\boldsymbol{B}_1$ $-\rho_1\boldsymbol{E}_2^*-\rho_2^*\boldsymbol{E}_1)$	$\boldsymbol{J}_1\cdot\boldsymbol{E}_2-\boldsymbol{J}_2\cdot\boldsymbol{E}_1$ $\boldsymbol{J}_1\odot\boldsymbol{E}_2-\boldsymbol{J}_2\odot\boldsymbol{E}_1$ $\boldsymbol{J}_1\times\boldsymbol{B}_2+\boldsymbol{J}_2\times\boldsymbol{B}_1$ $-\rho_1\boldsymbol{E}_2-\rho_2\boldsymbol{E}_1$ $\boldsymbol{J}_1\otimes\boldsymbol{B}_2+\boldsymbol{J}_2\otimes\boldsymbol{B}_1$ $-\rho_1\circledcirc\boldsymbol{E}_2-\rho_2\circledcirc\boldsymbol{E}_1$ $\boldsymbol{r}\times(\boldsymbol{J}_1\times\boldsymbol{B}_2^*+\boldsymbol{J}_2^*\times\boldsymbol{B}_1$ $+\rho_1\boldsymbol{E}_2^*+\rho_2^*\boldsymbol{E}_1)$
8.2～8.4 节各公式	$s'(t)$ $\boldsymbol{v}'$	$s(t)$ $\boldsymbol{v}$
8.3 节	$\dfrac{\partial v_x}{\partial t}$ $\dfrac{\partial v_y}{\partial t}$	v_x v_y

附录 E　非均匀导电介质中电磁场动量互易方程

在上部专著《电磁场互易定理一般形式》中，我们导出了非均匀不导电介质中的电磁场动量互易方程，这里将其推广到导电介质中。

考虑两组电磁场方程，用下角标 1 和 2 表示

$$\nabla\times\boldsymbol{H}_1=\boldsymbol{J}_{\mathrm{e}1}+(\sigma+\mathrm{j}\omega\varepsilon)\boldsymbol{E}_1=\boldsymbol{J}_{\mathrm{e}1}+\sigma^*\boldsymbol{E}_1 \tag{E1a}$$

$$\nabla\times\boldsymbol{E}_2=-\mathrm{j}\omega\boldsymbol{B}_2 \tag{E1b}$$

式中，$\sigma^*=\sigma+\mathrm{j}\omega\varepsilon$ 为复电导率。

式（E1a）叉乘 $\boldsymbol{B}_2$，用 $\varepsilon^*\boldsymbol{E}_1$ 叉乘式（E1b），有

$$(\nabla\times\boldsymbol{H}_1)\times\boldsymbol{B}_2=\boldsymbol{J}_{\mathrm{e}1}\times\boldsymbol{B}_2+\sigma^*\boldsymbol{E}_1\times\boldsymbol{B}_2 \tag{E2a}$$

$$\varepsilon^*\boldsymbol{E}_1\times\nabla\times\boldsymbol{E}_2=-\mathrm{j}\omega\varepsilon^*\boldsymbol{E}_1\times\boldsymbol{B}_2=-\sigma^*\boldsymbol{E}_1\times\boldsymbol{B}_2 \tag{E2b}$$

式中，$\varepsilon^*=-\mathrm{j}\omega\sigma^*=\varepsilon-\dfrac{\mathrm{j}\sigma}{\omega}$ 为复介电常量。

式（E2a）和式（E2b）相加，有

$$(\nabla\times\boldsymbol{H}_1)\times\boldsymbol{B}_2+\varepsilon^*\boldsymbol{E}_1\times\nabla\times\boldsymbol{E}_2=\boldsymbol{J}_{\mathrm{e}1}\times\boldsymbol{B}_2 \tag{E3a}$$

交换下角标 1 和 2，有

$$(\nabla\times\boldsymbol{H}_2)\times\boldsymbol{B}_1+\varepsilon^*\boldsymbol{E}_2\times\nabla\times\boldsymbol{E}_1=\boldsymbol{J}_{\mathrm{e}2}\times\boldsymbol{B}_1 \tag{E3b}$$

式（E3a）和式（E3b）相加，有

$$\begin{aligned}&(\nabla\times\boldsymbol{H}_1)\times\boldsymbol{B}_2+(\nabla\times\boldsymbol{H}_2)\times\boldsymbol{B}_1\\&+\varepsilon^*\boldsymbol{E}_1\times\nabla\times\boldsymbol{E}_2+\varepsilon^*\boldsymbol{E}_2\times\nabla\times\boldsymbol{E}_1\\&=\boldsymbol{J}_{\mathrm{e}1}\times\boldsymbol{B}_2+\boldsymbol{J}_{\mathrm{e}2}\times\boldsymbol{B}_1\end{aligned} \tag{E4}$$

利用附录恒等式（B2），有

$$\begin{aligned}&(\nabla\times\boldsymbol{H}_1)\times\boldsymbol{B}_2+(\nabla\times\boldsymbol{H}_2)\times\boldsymbol{B}_1\\&=\nabla\mu(\boldsymbol{H}_1\cdot\boldsymbol{H}_2)-\nabla\cdot(\boldsymbol{H}_2\cdot\boldsymbol{B}_1\boldsymbol{I}-\boldsymbol{H}_2\boldsymbol{B}_1-\boldsymbol{B}_1\boldsymbol{H}_2)\end{aligned} \tag{E5}$$

$$\begin{aligned}&\varepsilon^* \boldsymbol{E}_2 \times (\nabla \times \boldsymbol{E}_1) + \varepsilon^* \boldsymbol{E}_1 \times (\nabla \times \boldsymbol{E}_2)\\&= -\nabla \varepsilon^* (\boldsymbol{E}_1 \cdot \boldsymbol{E}_2) + \nabla \cdot (\varepsilon^* \boldsymbol{E}_2) \boldsymbol{E}_1 + \nabla \cdot (\varepsilon^* \boldsymbol{E}_1) \boldsymbol{E}_2\\&\quad + \nabla \cdot \left(\varepsilon^* \boldsymbol{E}_2 \cdot \boldsymbol{E}_1 \boldsymbol{I} - \varepsilon^* \boldsymbol{E}_2 \boldsymbol{E}_1 - \varepsilon^* \boldsymbol{E}_1 \boldsymbol{E}_2\right)\end{aligned} \tag{E6}$$

由全电流连续定理，知

$$\nabla \cdot (\sigma^* \boldsymbol{E}) = -\nabla \cdot \boldsymbol{J}_{\mathrm{e}} \tag{E7}$$

于是，有

$$\nabla \cdot (\varepsilon^* \boldsymbol{E}) = \frac{1}{\mathrm{j}\omega} \nabla \cdot (\sigma^* \boldsymbol{E}) = -\frac{1}{\mathrm{j}\omega} \nabla \cdot \boldsymbol{J}_{\mathrm{e}} \tag{E8}$$

将式（E7）代入式（E6），有

$$\begin{aligned}&\varepsilon^* \boldsymbol{E}_2 \times (\nabla \times \boldsymbol{E}_1) + \varepsilon^* \boldsymbol{E}_1 \times (\nabla \times \boldsymbol{E}_2)\\&= -\nabla \varepsilon^* (\boldsymbol{E}_1 \cdot \boldsymbol{E}_2) - \frac{1}{\mathrm{j}\omega} (\nabla \cdot \boldsymbol{J}_{\mathrm{e}2}) \boldsymbol{E}_1 - \frac{1}{\mathrm{j}\omega} (\nabla \cdot \boldsymbol{J}_{\mathrm{e}1}) \boldsymbol{E}_2\\&\quad + \nabla \cdot \left(\varepsilon^* \boldsymbol{E}_2 \cdot \boldsymbol{E}_1 \boldsymbol{I} - \varepsilon^* \boldsymbol{E}_2 \boldsymbol{E}_1 - \varepsilon^* \boldsymbol{E}_1 \boldsymbol{E}_2\right)\end{aligned} \tag{E9}$$

将式（E5）和式（E9）代入式（E4），得到导电介质中电磁场动量互易方程

$$\begin{aligned}&-\mathrm{j}\omega \nabla \cdot \left(\boldsymbol{H}_2 \cdot \boldsymbol{B}_1 \boldsymbol{I} - \boldsymbol{H}_2 \boldsymbol{B}_1 - \boldsymbol{B}_1 \boldsymbol{H}_2\right)\\&\quad + \nabla \cdot \left(\sigma^* \boldsymbol{E}_2 \cdot \boldsymbol{E}_1 \boldsymbol{I} - \sigma^* \boldsymbol{E}_2 \boldsymbol{E}_1 - \sigma^* \boldsymbol{E}_1 \boldsymbol{E}_2\right)\\&= \mathrm{j}\omega \boldsymbol{J}_{\mathrm{e}1} \times \boldsymbol{B}_2 + \mathrm{j}\omega \boldsymbol{J}_{\mathrm{e}2} \times \boldsymbol{B}_1\\&\quad + \nabla \sigma (\boldsymbol{E}_1 \cdot \boldsymbol{E}_2) + \mathrm{j}\omega \nabla \varepsilon (\boldsymbol{E}_1 \cdot \boldsymbol{E}_2) - \mathrm{j}\omega \nabla \mu (\boldsymbol{H}_1 \cdot \boldsymbol{H}_2)\\&\quad + (\nabla \cdot \boldsymbol{J}_{\mathrm{e}2}) \boldsymbol{E}_1 + (\nabla \cdot \boldsymbol{J}_{\mathrm{e}1}) \boldsymbol{E}_2\end{aligned} \tag{E10}$$

若介质不导电，则σ为零，$\varepsilon^* = \varepsilon$，$\sigma^* = \mathrm{j}\omega\varepsilon$。

电流连续性定理为

$$\nabla \cdot (\boldsymbol{J}_{\mathrm{e}} + \mathrm{j}\omega\varepsilon \boldsymbol{E}) = \nabla \cdot \boldsymbol{J}_{\mathrm{e}} + \mathrm{j}\omega\rho_{\mathrm{e}} = 0 \tag{E11}$$

将式（E11）代入式（E10），式（E10）退化为非均匀不导电介质中的电磁场动量互易方程，

$$
\begin{aligned}
&-\nabla\cdot\left(\boldsymbol{H}_2\cdot\boldsymbol{B}_1\boldsymbol{I}-\boldsymbol{H}_2\boldsymbol{B}_1-\boldsymbol{B}_1\boldsymbol{H}_2\right)\\
&+\nabla\cdot\left(\varepsilon\boldsymbol{E}_2\cdot\boldsymbol{E}_1\boldsymbol{I}-\varepsilon\boldsymbol{E}_2\boldsymbol{E}_1-\varepsilon\boldsymbol{E}_1\boldsymbol{E}_2\right)\\
&=\boldsymbol{J}_{\mathrm{e1}}\times\boldsymbol{B}_2+\boldsymbol{J}_{\mathrm{e2}}\times\boldsymbol{B}_1-\rho_{\mathrm{e1}}\boldsymbol{E}_2-\rho_{\mathrm{e2}}\boldsymbol{E}_1\\
&+\nabla\varepsilon(\boldsymbol{E}_1\cdot\boldsymbol{E}_2)-\nabla\mu(\boldsymbol{H}_1\cdot\boldsymbol{H}_2)
\end{aligned}
\tag{E12}
$$

式（E12）即是上部专著《电磁场互易方程一般形式》中习题 6.3 的公式。

参 考 文 献

程建春. 2022. 声学原理：第 2 版上卷. 北京：科学出版社.

福克（苏）. 1965. 时间、空间和引力的理论. 周培源，朱家珍，蔡树棠等，译. 北京：科学出版社.

朗道（俄罗斯）栗弗席兹. 2012. 理论物理教程（第 2 卷：场论）. 第 8 版. 鲁欣，任朗，袁炳南，译. 北京：高等教育出版社.

朗道（俄罗斯）栗弗席兹. 2020. 理论物理教程（第 6 卷：流体动力学）. 第 5 版. 李植，译. 北京：高等教育出版社.

李大潜，秦铁虎. 2005. 物理学与偏微分方程：第二版上下册. 北京：高等教育出版社.

刘国强，刘婧，李元园. 2020. 电磁场广义互易定理. 北京：科学出版社.

刘国强，刘婧，李元园. 2022a. 电磁场互易定理一般形式. 北京：科学出版社.

刘国强，刘婧. 2022b. 电磁互易定理一般形式. 电工技术学报，https://doi.org/10.19595/j.cnki.1000-6753.tces.211590.

刘国强，刘婧. 2022c. 利用电磁场动量互易定理导出惠更斯原理. 物理学报，71（14）：140301.

沈惠川，李书民. 2007. 经典力学. 合肥：中国科学技术大学出版社.

是长春. 1992. 相对论流体力学. 北京：科学出版社.

许方官. 2012. 四元数物理学. 北京：北京大学出版社.

臧雨宸. 2023. 基于声辐射力和声辐射力矩的声操控与物性参数反演研究. 北京：中国科学院大学.

张海澜. 2012. 理论声学. 北京：高等教育出版社.

赵双任. 1987. 互能定理在球面波展开法中的应用. 电子学报，15（3）：88-93.

Achenbach J. 2004. Reciprocity in Elastodynamics（Cambridge Monographs on Mechanics）. Cambridge：Cambridge University Press. doi：10.1017/CBO9780511550485.

Bojarski N N. 1983. Generalized reaction principles and reciprocity theorems for the wave equations，and the relationship between the time-advanced and time - retarded fields. The Journal of the Acoustical Society of America，74（1）：281-285.

Cremer L，Heckl M，Ungar E E. 1973. Structure-Borne Sound. Springer-Verlag Berlin Heidelberg GmbH. 506-507.

de Hoop A T.1988. Time - domain reciprocity theorems for acoustic wave fields in fluids with relaxation. The Journal of the Acoustical Society of America，84（5）：1877-1882.

Feld Y N.1992. On the quadratic lemma in electrodynamics. Sov. Phys—Dokl.，37：235-236.

Hamilton W R. 1969. Elements of Quaternions. 3rd ed. New York：Chelsea Publishing Company.

Jack P M. 2003. Physical Space as a Quaternion Structure，I：Maxwell Equations. A Brief Note. Mathematical Physics. arXiv：math-ph/0307038

Lamb H. 1888. On reciprocal theorems in dynamics. Proc London Math. Soc.，19：144-151.

Lindell I V，Sihvola A. 2020. Rumsey's reaction concept generalized. Progress in Electromagnetics Research Letter，89：1-6.

Lindell I V，Sihvola A. 2020. Errata to "Rumsey's reaction concept generalized". Progress in Electromagnetics Research Letter，89：1-6.

Liu G，Li Y，Liu J. 2020. A mutual momentum theorem for electromagnetic field. IEEE Antennas and Wireless Propagation Letters，19（12）：2159-2161. doi：10.1109/LAWP.2020.3025614.

Liu G，Liu J，Yang Y D，Li Y Y. 2022a. The generalization of Rumsey's reaction concept. European Physical Journal Plus，137：1081. doi：10.1140/epjp/s13360-022-03290-6.

Liu G，Liu J，Li Y. 2022b. The Reciprocity Theorems for Momentum and Angular Momentum for Electromagnetic Field.In：He J，Li Y，Yang Q，Liang X .（eds）The proceedings of the 16th Annual Conference of China Electrotechnical Society. Lecture Notes in Electrical Engineering，891：999-1005，Springer，Singapore. https：//doi.org/10.1007/978-981-19-1532-1_106.

Liu G，Liu J，Li Y Y. 2023. The differential forms of Rumsey reaction and the corresponding reciprocal equations in the unified space and time form. European Physical Journal Plus，138：203. doi：10.1140/epjp/s13360-023-03791-y.

Lorentz H A. 1896. The theorem of Poynting concerning the energy in the electromagnetic field and two general propositions concerning the propagation of light. Amsterdammer Akademie der Wetenschappen，4：176.

Lucas B, Konstantin Y B, Franco N, Justin D. 2020. Acoustic versus electromagnetic field theory: scalar，vector，spinor representations and the emergence of acoustic spin. New J. Phys.，22: 053050.

Lyamshev L M. 1959. A question in connection with the principle of reciprocity in acoustics. In Soviet Physics Doklady，4：406.

Rayleigh L. 1873. Some general theorems relating to vibrations. Proc. London Math. Soc.，4: 357-368.

Rayleigh L.1877. The Theory of Sound，Vol. II. Dover reprint. Dover Publications Inc.，New York，1945.

Rumsey V H. 1954. Reaction concept in electromagnetic theory. Phys. Rev.，94（6）：1483-1491.

Rumsey V H. 1963. A short way of solving advanced problems in electromagnetic fields and other linear systems. IEEE Transactions on antennas and Propagation，11（1）：73-86.

Tai C T. 1992. Complementary reciprocity theorems in electromagnetic theory. IEEE Trans. Antennas Prop.，40（6）：675-681.

von Helmholtz H L. 1860. Theory des Luftschalls in Rohren mit offenen Enden. Borchardt-Crelle's J.，57：1-70.

结　束　语

值此书稿付梓之际，写七律一首，填词两阕，特此纪念。

七律 传音

2023.7.24

电洩雷滂倏闪光，震天动地水汤汤。
短波以太光阴短，长夜虚空万古长。
适有天音传至道，当开蒙昧度洪荒。
吾听汝说声流转，对易时空舞凤凰。

（平水韵）

满江红 听潮

2023.7.20

电闪雷鸣，光掠影、听声互易。
道可道，是非常道，时空寻迹。
箫笛联弹天上曲，星辰谱写方程式。
众香国、有彩凤来仪，和音律。

花月夜，春江碧。山水画，今何夕。
问谁拾真玉，谁抒云笔。
江畔何人初见月，何年月照初来客。
潮声起、对朗月星空，风飘逸。

（词林正韵）

采桑子 悦声

2023.7.25

长空闪电雷声起，迅电如飞。
声亦相随。
万亿光年走一回。

轻子悦动音符动，互易因谁。
反转为谁。
天地清吟至妙微。

（词林正韵）

“现代声学科学与技术丛书”已出版书目

（按出版时间排序）

1.	创新与和谐——中国声学进展	程建春、田静 等编	2008.08
2.	通信声学	J. 布劳尔特 等编 李昌立 等译	2009.04
3.	非线性声学（第二版）	钱祖文 著	2009.08
4.	生物医学超声学	万明习 等编	2010.05
5.	城市声环境论	康健 著 戴根华 译	2011.01
6.	汉语语音合成——原理和技术	吕士楠、初敏、许洁萍、贺琳 著	2012.01
7.	声表面波材料与器件	潘峰 等编著	2012.05
8.	声学原理	程建春 著	2012.05
9.	声呐信号处理引论	李启虎 著	2012.06
10.	颗粒介质中的声传播及其应用	钱祖文 著	2012.06
11.	水声学（第二版）	汪德昭、尚尔昌 著	2013.06
12.	空间听觉 ——人类声定位的心理物理学	J.布劳尔特 著 戴根华、项宁 译 李晓东 校	2013.06
13.	工程噪声控制 ——理论和实践（第 4 版）	D. A. 比斯、C. H. 汉森 著 邱小军、于淼、刘嘉俊 译校	2013.10
14.	水下矢量声场理论与应用	杨德森 等著	2013.10
15.	声学测量与方法	吴胜举、张明铎 编著	2014.01
16.	医学超声基础	章东、郭霞生、马青玉、屠娟 编著	2014.03
17.	铁路噪声与振动 ——机理、模型和控制方法	David Thompson 著 中国铁道科学研究院节能 环保劳卫研究所 译	2014.05
18.	环境声的听觉感知与自动识别	陈克安 著	2014.06
19.	磁声成像技术 上册：超声检测式磁声成像	刘国强 著	2014.06
20.	声空化物理	陈伟中 著	2014.08
21.	主动声呐检测信息原理 ——上册：主动声呐信号和系统分析基础	朱埜 著	2014.12
22.	主动声呐检测信息原理 ——下册：主动声呐信道特性和系统优化原理	朱埜 著	2014.12
23.	人工听觉 ——新视野	曾凡钢 等编 平利川 等译 冯海泓 等校	2015.05
24.	磁声成像技术 下册：电磁检测式磁声成像	刘国强 著	2016.03
25.	传感器阵列超指向性原理及应用	杨益新、汪勇、何正耀、马远良 著	2018.01
26.	水中目标声散射	汤渭霖、范军、马忠成 著	2018.01

27.	声学超构材料 ——负折射、成像、透镜和隐身	阚威威、吴宗森、黄柏霖　译	2019.05
28.	声学原理（第二版•上卷）	程建春　著	2019.05
29.	声学原理（第二版•下卷）	程建春　著	2019.05
30.	空间声原理	谢菠荪　著	2019.06
31.	水动力噪声理论	汤渭霖、俞孟萨、王斌　著	2019.09
32.	固体中非线性声波	刘晓宙　著	2021.01
33.	声学计量与测量	许龙、李凤鸣、许昊、张明铎、吴胜举　编著	2021.03
34.	声学学科现状以及未来发展趋势	程建春　李晓东　杨军　主编	2021.06
35.	水中结构振动与声辐射	汤渭霖、范军、赵开琦、周富霖　著	2022.01
36.	参量阵扬声器——从理论到应用	杨军、姬培锋　著	2022.03
37.	声弹性理论与方法（上卷）	俞孟萨　著	2022.08
38.	声弹性理论与方法（下卷）	俞孟萨　著	2022.08
39.	密布式 MIMO 声呐成像原理与技术	刘雄厚、孙超、杨益新、卓颉　著	2022.10
40.	声辐射力原理与医学超声应用	刘晓宙　郑海荣　著	2023.05
41.	**声场互易定理**	**刘国强　刘婧　著**	**2024.01**